旅游景观规划与景观提升设计研究

张　燕/著

中国水利水电出版社
www.waterpub.com.cn
·北京·

内容提要

旅游景观设计不仅承担着创造新旅游景观、为地方旅游业发展创造条件两大任务，同时还应该承担着创造、传承和传播旅游文化的目的。全书在论述景观与旅游景观、旅游景观的特性及属性、旅游景观的学科研究基础之上，重点对旅游景观设计的基本理论、依据，景观设计方法等内容进行了详尽的阐述。本书逻辑清楚，叙述语言简洁，内容详尽，实用性强。

图书在版编目(CIP)数据

旅游景观规划与景观提升设计研究 / 张燕著 . — 北京 : 中国水利水电出版社 , 2019.1 （2024.10重印）
ISBN 978-7-5170-7403-8

Ⅰ . ①旅… Ⅱ . ①张… Ⅲ . ①旅游区 – 景观规划 – 研究②旅游区 – 景观设计 – 研究 Ⅳ . ① TU984.181

中国版本图书馆 CIP 数据核字（2019）第 026083 号

书　　名	旅游景观规划与景观提升设计研究 LüYOU JINGGUAN GUIHUA YU JINGGUAN TISHENG SHEJI YANJIU
作　　者	张　燕　著
出版发行	中国水利水电出版社 （北京市海淀区玉渊潭南路 1 号 D 座　100038） 网址：www.waterpub.com.cn E-mail：sales@waterpub.com.cn 电话：（010）68367658（营销中心）
经　　售	北京科水图书销售中心（零售） 电话：（010）88383994、63202643、68545874 全国各地新华书店和相关出版物销售网点
排　　版	北京亚吉飞数码科技有限公司
印　　刷	三河市华晨印务有限公司
规　　格	170mm×240mm　16 开本　16 印张　207 千字
版　　次	2019 年 4 月第 1 版　2024 年 10 月第 3 次印刷
印　　数	0001—2000 册
定　　价	77.00 元

前　言

旅游景观设计是旅游学与景观设计学交叉的一门学科，是这两门学科的融合。旅游景观设计要根据旅游者的观赏需求、旅游业发展需求以及相关理论进行构思景观要素及其组合设计。旅游景观设计是旅游学的一个分支，是旅游规划的重要组成部分。

旅游景观是旅游发展的主要资源，是旅游者观赏的对象，设计景观是为了适应旅游需求及旅游产业发展的需要，因此，高校旅游学相关专业学生应当掌握旅游景观设计与欣赏的知识。景观设计是为欣赏服务的，设计者必须了解欣赏规律才能做好设计，欣赏者只有理解设计思想才能更好地欣赏，旅游景观设计与欣赏两者存在着本质联系，因此本书将两者结合在一起。

本书的撰写重点突出以下特色。

学术性。本书不仅探讨如何创造旅游景观，如本书第三章、第四章、第五章关于旅游景观的开发与保护、规划与设计、建设与提升等内容，同时还针对如何更好地创造、传承和传播地方旅游文化展开分析，如本书第二章对不同类型旅游景观、第六章对旅游景观的欣赏与评价进行阐述等。

综合性。本书力图通过一些案例，综合运用艺术学、美学、符号学、旅游学、地理学、心理学、园林学、城乡规划学、设计学等多学科理论来阐明旅游景观设计与欣赏的原理与方法。

实践性。旅游景观设计与欣赏学科知识的实践性、应用性很强，也是一门文理工交叉性学科，需要综合运用多学科知识来解决实际问题。因此，本书的论述不仅详细论述旅游景观规划的设计与保护，也详细论述旅游景观欣赏的概念、本质、意义、欣赏方法等基本理论问题，旅游景观欣赏心理，各种自然景观、人文景观的欣赏特性及欣赏方法。

本书的撰写参考并引用了文献资料,部分内容来自网络,尽管大部分引用的内容均采用脚注的形式进行标注,但难免有遗漏之处,对于原作者的辛劳,作者在此特致诚挚谢意。

由于作者的理论水平有限,加之时间仓促,书中难免出现一些疏漏不足之处,希望老师及同仁予以批评指正。

作　者

2018 年 7 月

目 录

第一章 旅游景观概述

旅游景观是旅游活动形成的载体，是旅游业发展的依托，又是人类社会传播文化、传承文明的重要工具。一般而言，旅游景观按其属性可分为自然旅游景观和人文旅游景观两大类。前者主要是指因自然条件形成的景观，如山水、森林、天象、动物等；后者则指在人类历史长河中不断沉积形成的物质或非物质的景观，如文物、古迹、文化、艺术等。在现实旅游活动中，旅游景观往往是以自然景观和人文景观的复合体呈现出来的。

第一节 景观与旅游景观

一、景观

景观（landscape）一词源于西方园林，与风景画（landscape painting）有很大关系。18世纪早期的英国庭园设计师和理论家们，如艾迪逊（J.Addison）、蒲柏（A.Pope）和沙弗斯伯瑞（A.Shaftesbury）等，都直接或间接地将风景画作为庭园设计的范本。当时，这种形式的造园手法都类似于风景绘画，只不过这种“绘画”是在真实空间中进行的。设计师将风景绘画中的主题与造型移植到庭园创造过程中去，形成了按自然风景画构图方式创造的庭园风格。这使18世纪的景观与庭园设计行业产生了密切关系。以后该词又用来指人们一眼望去的视觉景致。

19世纪，随着德国地理学中景观概念的发展，德语 Landschaft

(景观)一词作为科学术语引用到地理学中来,主要是反映内陆地形、地貌或景色(诸如草原、森林、山脉、湖泊等),或是反映某一地理区域的综合地形特征。地理学中的景观概念并不仅仅局限于视觉上的美学意义,而具有了科学的含义。直至今天,德语 Landschaft (景观)一词与英语中的 Landscape (景观)仍有一些差异,虽然也表示风景、景观之义,但更多带有表示土地状态的含义。德语 Landschaft 的景观含义被英语同源词 Landscape 所吸收后,使该词词义更加复杂。

"爱美之心,人皆有之",审美是人类的本能需要,人类自古就爱欣赏自己居住的环境,因此很早就出现了描述人间美景的词汇。最早描述景观的词语出现在成书于公元前的《圣经·旧约》中,希伯来文为"noff",从词源上看,它与"yale"(美)有关,是用来描写圣城耶路撒冷的美景的。不同语言对美景有不同的描述词语,在英文中有"landscape"和"scenery",在德语中有"landschaft",法语有"payage"。尽管不同文化的语言中所用的词语不同,但它们所要表达的概念是相同或相近的,都是对具有观赏意义的景象的描述。16 世纪末,"landscape"被西方当作绘画艺术的一个专门术语,指自然景色。18 世纪,园林设计领域也开始采用"景观"一词,且不仅仅指自然景象,已包含了人文景象。到了 19 世纪初,近代地理学创始人、德国地理学家洪堡(Alexander von Humboldt)将景观的概念引入地理学,用于指一个地理区域的总体视觉特征。19 世纪后期至 20 世纪初期,形成了以研究景观形成、演变和特征为对象的景观学。在古汉语中没有用过"景观"一词,但是在《晋书·王导传》中就出现了具有相同概念的"风景"一词。"景观"一词到近代才出现在汉语中。根据辞书对"景观"的释义可以看出,在汉语里是地理学科最先引用这一词,很可能是出自地理科学文献翻译过程中。至于英语的"landscape"为什么翻译成汉语的"景观",而不翻译成"风景"或者其他什么词,谁最先使用这一词语,难以查考。另外,"景观"一词被地理学采用以后,对它的理解也偏离了原意,成了科学术语。它将景观当作一种现象来研究，只研究景观的特征、成因机理、分异和演化规律，并不关注景观的审美风格、欣赏价值以及欣赏效果，也不研究如何去设计。而普通意义上的“景观”主要是从观赏角度去看，至于景观成因倒是次要的问题。可见，在地理学中对景观的定义与大众所理解的含义是不相同的。

综合各种中英文词典对“景观”的解释：狭义指自然风景，泛指所有的风景。从字面上来看，语义甚明，并无难解之处。“景”字本身就包含景象、风景的意思，单字就能表达语义；不过对“观”字的理解存在歧义，有人将其理解为“看”的意思，其实不妥。“观”字单独使用可作为观看的意思，但是，放在“景”字后面，不应当作“观看”的意思，因为这样组词在语义表达上不符合逻辑。根据辞书上的释义，“观”除了有观看的意思外，还有景象的意思。显然这里的“观”应当就是指景象的意思（如奇观、壮观等词语中的“观”字）。也就是说，“景”和“观”连起来仍然是指景象，“景”和“景观”之间没有内涵上的区别。因为独字不成词，连在一起便构成了词，加上“观”字是出于构词和强化语音节奏的需要。这种语法现象在汉语中比较常见，比如，“观看”两个字都是“看”的意思，“到达”两个字都是“到”的意思，从语义表达来看，其中一个字可以省略，两个字合起来更符合语音节奏。这是汉语中的语法现象，如果是外文或许就不存在这样的歧义了。在汉语中，“景观”与“风景”“景致”“景色”“风光”为同义或近义词，都是指视觉欣赏意义上的景象，在词典中它们之间用来互相解释，绝大多数人理解的景观也是这种含义。

总体上看，对景观概念的理解，有学科差别，但是没有民族的差别。地理学将景观当作一个科学名词、一种地理现象，定义为一种地表景象或综合自然地理区，如城市景观、森林景观等；艺术学将景观当作表现与再现的可以观赏的对象，相当于风景；建筑学将景观当作设计和观赏的对象；旅游学将景观当作旅游观赏的对象和具有经济价值的旅游资源。尽管不同学科对“景观”一词有不同的理解，但是归纳起来可以将其分成两类，即通用的概念和专业的概念。艺术学、设计学、文学、美学领域与普通人所理解的景观的概念在本质上是相同的，这也是景观的本义，是观赏意义上的景观，与风景、景象同义；地理学、景观学则将其作为专业术语来看待，赋予了景观特定的含义，与其他领域的理解有明显不同，通常不考虑人的感受效果，只将景观当作客观物质存在。景观设计与欣赏中所指的是前者所说的“景观”。不能说这两种理解孰是孰非，而是各有各的用途。词语的概念取决于使用习惯和社会约定，只要大家都使用习惯了，那么该词语就有了约定的语义，也是正确的。

二、旅游景观

“旅游”（tour，tourism，trip）一词是用“游客”（tourist）来定义的。所谓“游客”，按照 1963 年在罗马召开的联合国国际旅游大会精神和世界旅游组织的定义，是指离开其惯常居住地，且主要目的不是在访问地获取收入的旅行者。按照国家统计局和国家旅游局 2015 年联合制定的《旅游统计调查制度》的表述，“旅游”是指“任何为休闲、娱乐、观光、度假、探亲访友、就医疗养、购物、参加会议或从事经济、文化、体育、宗教活动，离开常住国（或常住地）到其他国家（或地区），其连续停留时间不超过 12 个月，并且在其他国家（或其他地区）的主要目的不是通过所从事的活动获取报酬的人”。

这两种规定中都有“不从访问地获取报酬”的规定，这有些不妥。因为如果是指任何报酬，精神的愉悦、身体的康健等也是报酬，而这恰恰是旅游的主要目的。或者是指“不获取经济报酬”。这也值得商榷——商务旅游，想在访问地投资、购买商品回来出售，不可能不想赚访问地的钱。地方官员到北京向国务院汇报工作，科研人员到省城、京城申请课题，开发商到京城、省城或县城跑项目……既是间接获利，也是直接获利。前者是典型的政务旅游，后两者是典型的业务旅游，或商务旅游。因此，以“不从访问地获取报酬”作为判断旅游行为的标准，在实践中很难行得通。为此，本书界定的“游客”，是指“离开其惯常居住地和工作地，且主要目的不是在访问地求职就业、连续停留时间不超过12个月的旅行者”。

这样的旅游者包括两大类。一般旅游者：在所访问的地区逗留时间超过24小时且以休闲、商务、家事、使命或会议为目的的临时性游客；短期旅游者（Excursionists）：在所访问的目的地停留时间在24小时以内，且不过夜的临时性游客（包括游船旅游者）。

基于此，旅游可以定义为“人们出于求职、就业之外的目的到非常住地发生的经济关系和现象的总和”。①

第二节　旅游景观的特征及属性

一、旅游景观的客观特征

（一）系统性

旅游景观是一个由众多要素组成的系统，自然、社会、经济、文化等子系统之间在“系统整体性”规律的作用下，既相互联系又相互制约。旅游景观是各种自然现象、人文现象，以及自然与人文现象相互作用而形成的总体环境。

（二）综合性

作为环境综合体的旅游景观是众多审美客体中的一种类型，它具有极强的空间综合性。旅游景观是由环境要素有序地组合起来的环境综合体（如园林、田园风光、山水风景、小桥流水人家、

① 凌善金．旅游景观设计与欣赏[M]．北京：北京大学出版社，2015．

都市街景、深山古寺，等等，均由主景和背景环境共同组成)，而不是构成环境综合体的孤立的具体要素(如一个苹果、一个陶罐、某一块石头、某一棵树、某一座桥、某一件雕塑、某一座房屋、某一片水面、某一幅书画，等等)，因此，欣赏旅游景观既涉及各种构景要素的特征，还与一些组景规律有关。因为旅游景观具有综合性，故也可以说它是一幅立体的画，游客可以进入其中进行全方位、多视角的体验性审美。这就适应了当代旅游不再满足于观光而重在情感体验的发展趋势。

(三)地域性

作为景观的旅游环境占有一定的地域空间，因此会打上地理地带性的烙印。如北国的林海雪原、南国的椰风海韵、西部的大漠孤烟、东部的青山秀水，它们的特色各不相同。在不同的自然背景中，人们经过长期的社会生活，必然创造出各地不同的人文景观。如浙江水乡孕育出刻画细腻情感的越剧《红楼梦》，中原大地诞生的阳刚之气十足的豫剧《花木兰》，都显示出浓郁地域烙印的痕迹。随着现代社会文化交流日益频繁，地域社会文化特征的差异已日趋淡化，不过异地景观对旅游者的吸引力却不可低估，它们常常成为地方景观特色中的亮点。

(四)时代性

人类为了使自己的生存环境变得更美好，总是将构成环境的一切，田园、山水、住宅、聚落……乃至社会，调理得更有秩序。在不同时代生产力发展水平不同，经济状况不同，政治社会观念也不会相同。因此，不同时代的景观总是深深地留下它所形成时代的特征，如唐式的寺庙、明清园林、近代摩天大楼林立的街区都是相应时代的代表景观。不同时代的物质要素所构成的景观氛围与现代差异甚大，这种差异增加了景观对旅游者的吸引力。

（五）五维性

任何景观都占据三维空间，旅游景观由于是审美对象，还必须重视另外两个因素构成的维度。其一是时间维，旅游审美是一个过程，随游客行进或时间季节变化，景观总是呈现出不同的面貌；其二是非视觉要素维，当游客进入景观空间进行全方位体验时，虽然视觉器官总是唱主角，听觉、嗅觉、味觉、触觉等其他感官也起着辅助作用，因此被游客感知的声响、语言、气味、质感等非视觉因子构成了景观空间的第五维。

（六）美学欣赏性

旅游景观是景观中的一个分支，而就“景观”一词的产生发展来看，其最初、最朴素的意义就是美学欣赏。只不过到了19世纪以后，随着地理学、生态学等学科的发展，景观一词的含义被赋予了学科的本身的特征。但从旅游活动的角度而言，旅游者的出行动力主要来自于对旅游景观的欣赏，以此达到愉悦身心的目的。因此，具有美学欣赏性是旅游景观的重要特征。

二、旅游景观的受动特征

环境综合体成为旅游景观的前提是在审美活动中成为审美鉴赏对象。在人类出现之前，早就存在的自然山川、日月星辰无人去欣赏，也就无所谓美与不美。作为审美客体它只能相对于审美主体而存在。因此，旅游景观对于旅游审美者来说，总是受到主体感知阈限、心理状态、文化素养和审美经验等方面的影响，这样客体就具有受动性。

（一）审美画面的选择性

可以说旅游景观是一幅立体的画，观赏者进入“画”的空间进行观赏时，不可能同时审视所有的构景要素。有经验的观赏者总是集中注意力审视自己的感知范围内，由一个或几个构景要素构成的主景，如悬崖上俯身探海的飞松、石窟中微笑的大佛、池塘边悠然的民居等。画面中其他构景要素作为背景，与主景相辅相成。随着观赏的进行，景观画面不断展开，由于观赏者的视角和偏好不同，因此他们在主景选择和画面的选择性组织上是不尽相同的。

（二）审美空间的阈限性

旅游景观是在审美过程中通过观赏者的感觉器官被感知的，它的物理空间范围决定于观赏主体感觉器官的感知阈限和外部环境条件。人的感知范围是有限度的，虽然现代科技已大大扩大了人的感知范围，但在旅游审美中，人们主要还是凭借直觉。旅游鉴赏以视域为限，即使在视域中，超出一定距离或观赏角度不佳，审美效果都会受到影响，只有距离适中，景观画面恰到好处，才会有最佳审美效果。审美是审美者的情感体验，景观在审美时的心理空间阈限与审美者的文化素养和审美经验有关，审美能力强的人，在景观鉴赏时的心理空间就大一些，所受的阈限就小。

（三）审美感知的差异性

旅游景观审美强调的是观赏者对旅游景观中形式和文化信息的感知和自身的体验。而旅游景观中的文化信息种类多、容量大，呈现方式多样，这就使不同的旅游者在文化信息的感知中可以根据各自的喜好有所侧重。景观审美者的气质、性格、偏好、情趣、知识结构、社会文化素养和审美经验等都是有差异的，这就必然使得旅游景观在被不同主体欣赏时会产生不同的审美效果。同一旅游者在不同时间、不同情况或不同心境下，也会对同一旅游景观产生审美效果的差异。这种差异性导致了景观鉴赏中审美创造的丰富性。

第三节　旅游景观的学科研究

一、行为地理学

人类旅游活动的原动力来源于旅游环境的异质性,即文化和自然环境的差异性。旅游环境空间在人的性格塑造上起着一定的作用,比如黄土地人民的憨厚淳朴、草原人民的豪爽、江南人民的精明能干等,可见一个地方特有的自然环境与当地居民的性格气质、风土人情之间有着一定的联系。因此,环境与人的心理、行为之间存在着一定的联系,这也是行为地理学研究的最早起源。所以,旅游景观设计过程中,应在对文化传统和地脉进行充分考察的基础上,掌握行为地理学的基本原理。

在繁华喧闹的社会环境中,处于奔忙中的人们极其向往拥有一块远离喧嚣的清净之地,这种要求可以通过景观的空间设计来完成。对私密性的创造,要求在空间设计上要对空间有较为完整和明确的限定,设计时并不一定就是设计一个完全闭合的空间,比如分散排列的树或一些布局合理的绿色屏障就可以提供私密性空间,在这些由绿色植物营造的静谧空间中,人们可以读书、静坐、交谈、私语等。

在景观空间中,与私密空间相对应的就是公共空间,公共空间具体来讲可以是一些医院绿地、图书馆绿地、车站广场绿地等绿地离心空间,这些空间的绿地植物配置一般拥有简洁、沉稳的特征,在特性上倾向于互相分离。

个人空间是指,围绕一个人并符合其心理尺寸要求的空间,如图 1-1 所示的个人空间示意图。个人空间会随着个人的移动而不断发生变化,没有固定的地理位置,是弹性的、情境性的。我们对心理空间的确定一般有亲密距离、个人距离、社交距离、公共距离等四个范围(图 1-2)。在人际交往中一般存在着属于个人心理的空间场，当然，人际交往的距离除与个人心理有关外，还与亲密程度、性别、民族、季节和环境条件等有关系。

公共距离范围为 3.6 ～ 7.6m，或更远的距离，这是演员或政治家与公众正规接触所用的距离。

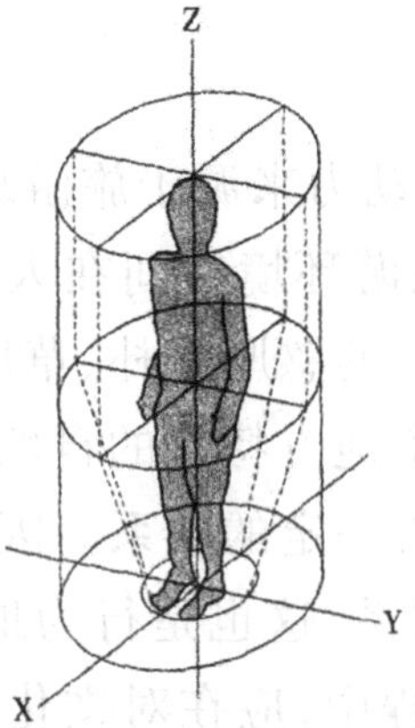

图 1–1　个人空间示意图

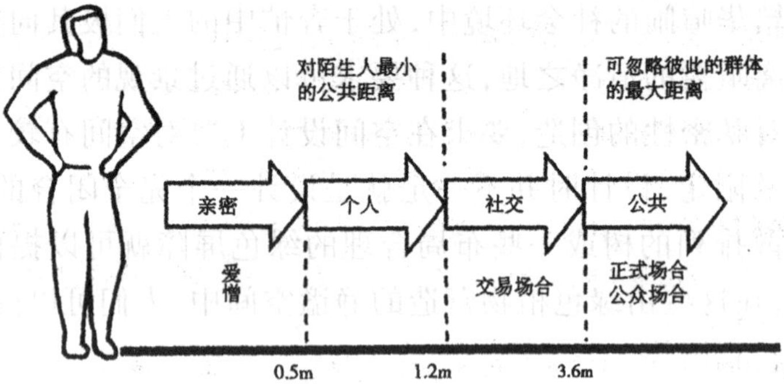

图 1–2　心理空间的距离图

亲密距离可保持在 0 ～ 0.5m。在这种距离下，能清楚地看到对方的头和脸，并能辨认出对方面部的细微变化，还能感觉到对方的体温及身上的气味。这种距离主要存在于夫妻、情侣、双亲、子女之间。

个人距离可保持在 0.5 ～ 1.2m。在这种距离下，对方面部细微的变化不易看清，对方的气味几乎感觉不到。这种距离主要存在于联系较多的亲密朋友和同事间，虽然关系比较亲密，但并非亲密无间。

社交距离范围为1.2～3.6m。这一距离常用于非个人的事务性接触。如同事之间商量工作。社交距离还起着互不干扰的作用。观察发现,即使熟人在这一距离出现,坐着工作的人不打招呼继续工作也不为失礼;反之,若小于这一距离,即使陌生人出现,坐着工作的人也不得不招呼问询,这一点对于室内设计和家具布置很有参考价值。

在景观心理学中,密度与拥挤这两个概念经常会同时出现,密度是客观的物理状态,是每个单位面积个体数目的量度,具有社会密度与空间密度这两种最基本的形式。空间密度的改变则是由于相同的人数占据不同的物理空间;社会密度的变化是由同一物理空间中拥有人数的不同决定的。

拥挤是一种导致负面感受的主观心理状态,是我们对周围人数的感受。拥挤作为一种心理感受虽然与人们的年龄、性别、心情和儿时的生活环境及社会情境有关,但密度依然是决定人们所感觉的拥挤程度的最重要因素。

二、景观生态学

景观生态学(Landscape Ecology)是生态学中近几年来发展最快的分支之一。景观生态学是研究景观单元的类型组成、空间配置及其与生态学过程相互作用的综合性学科。强调空间格局、生态学过程与尺度之间的相互作用是景观生态学研究的核心所在。它体现了生态学系统中多尺度和等级的结构特征,有助于多学科、多途径的研究。“景观生态学对城市规划与设计的意义在于拓展了专业学科的视野,着眼于投向更广阔和以景观生态为背景,向更为综合交叉的生境拓展。更为广义的生态理念是解决生态问题,在更深层次上确保实现可持续发展。”因此,这一概念越来越广泛地为城市园林规划和旅游区域规划所关注和采用。

“景观生态规划与设计是以景观生态学原理为指导,以谋求区域生态系统的整体功能优化为目标,以各种模拟、规划方法为手段,在景观生态分析、综合及评价的基础上,建立区域景观优化利用的空间结构和功能的生态地域规划方法,并提出相应的方案、对策及建议。其中心任务就是创造一个可持续发展的整体区域生态系统。”

随着环境问题的日益突出,景观的含义在当今西方国家变得更加复杂。当今,景观一词在不同国家词义上也不尽相同。现代英语中表示景观的词有 landscape、scenery、cityscape、view,分别表示景观、风景、城市景观、远景景观;德语 Landschaft 则表示土地状态的含义;法语 Site 意为风景名胜,Paysage 则表示原生农田等国土风景;日语“景观”与现代英语词义接近。

Landscape Architecture 作为行业的名称传入中国不过 20 余年的时间,但在现阶段的中国,与 Landscape Architecture 相对应的中文名词,有园林、风景园林、景观、景观建筑、景园、造园等。一个称作“景观建筑学”,另一个称作“园林学”。不同学科有着不同的看法,甚至争论相当激烈。争论焦点主要集中于设计理念、研究内容和所起的作用等方面。俞孔坚[①]对中国园林规划教育与规划、管理实践中存在的传统做法,即忽视自然地在旅游区和城市绿地系统中的重要地位而仅仅强调匠意的花园构筑意识,提出了不同的看法。他归纳的中国园林专业形象是模纹花坛,忙碌不知为何:公园当作花园做,情长意短;自然地当作公园做,无法无天。他曾试图从纵向和横向两个途径,探讨景观这一概念的发展历史和多学科的研究对象,及其内涵变化等问题,来表明城市景观生态学的研究内容及方法,对解决当今日益突出的环境问题所具有的作用和意义。

三、消费行为学

旅游消费活动的完成是旅游主体、旅游媒介、旅游客体等一系列复杂的因素综合互动的结果,作为旅游活动的三个基本构成

① 俞孔坚,美国艺术与科学院院士,北京大学建筑与景观设计学院院长。

要素，它们的互动和结合离不开市场，是在市场中完成的。而三要素本身又是互不相同的、多变的，这也决定了旅游景观设计的复杂性。旅游者动态消费行为关系如图 1–3 所示。

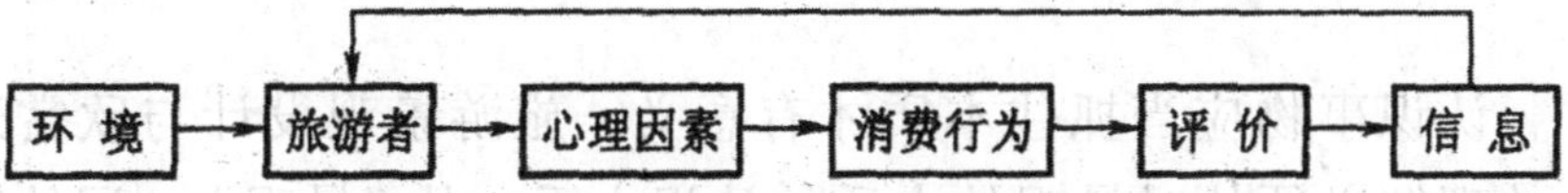

图 1–3 旅游者动态消费行为关系图

在众多的消费需要动机理论中，美国人本主义心理学家马斯洛（Maslow）于 1943 年提出的“需要层次论”影响最大。马斯洛将人类需求分成五个层次，称为马斯洛需要五层次论，如图 1–4 所示。

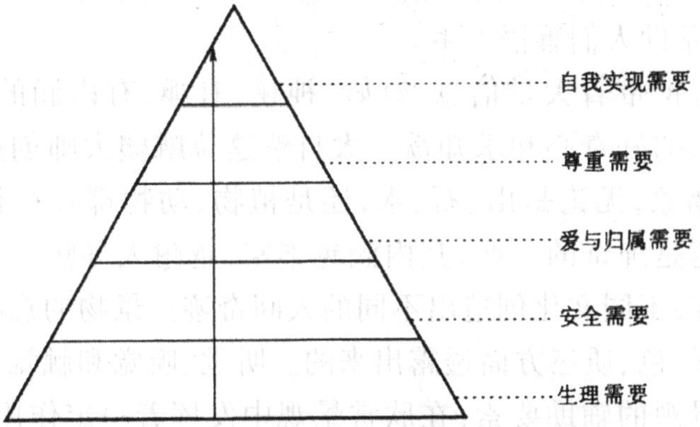

图 1–4 马斯洛的人类需求层次图

旅游景观设计是为了满足人类自身活动的需要，所以在设计中应该对人类消费需要的五个层次进行全面充分的考虑，根据旅游者不同层次的消费需求留出一定的活动场所，设计相应的空间。此外，还要根据马斯洛需求五层次论尊重的需要和爱与归属的需要，综合考虑不同层次旅游者的消费需求，对群体的局部和社会的整体结合进行科学的分析，使景观设计的发展与更为长远的人类生存环境和谐统一。

第四节　旅游景观设计在旅游规划中的地位和作用

认识事物应当抓住本质才有意义。旅游景观设计与欣赏理论的理解必须从对景观的本质的认识入手。从“景观”一词的语义来看,景观必须是视觉对象,或者说以视觉对象为主体,也就是说,景观必须是有形的事物。

景观是物质性的,但它不是满足人们物质需要的东西,而是具有精神价值的东西,是具有观赏价值的视觉物象,否则,就不能称之为景观。观赏价值表现在能满足人的审美、情感、求知的需要,并能帮助人们感悟人生。

景观携带着大量信息,奇妙、神秘、有趣、有内涵的事物,可以满足人的好奇心和求知欲。大自然这位雕塑大师创造了千奇百怪的物象,无论是山、石、水,还是植物、动物都存在很多神奇之处。越是神奇的东西,其内涵越丰富,越耐人寻味。人类也能创造奇迹,不同文化创造出不同的人间奇迹。景物的意味也是通过它的形、色、质三方面透露出来的。听觉、嗅觉和触觉也可以被看作是景观的辅助要素,在欣赏景观中发挥着一定作用,除了自身蕴藏着信息以外,人类或欣赏者也能赋予它原本没有的文化信息,尽管这是虚构的、强加的,但是人类却总是这样自作多情地将客观事物当作有情之物。求知是人类的天性,好奇心也是人人都具备的天性,每个人都想经过从认识个别事物成因出发,经过演绎推理获得一个事物产生的本源或本体,认识天地万物的本源和规律。人类欣赏景观可获得更多背景知识,比如景观成因、文化内涵之类的知识、增长见识。因为所有景观都携带着大量信息,可以将它理解为一种信息传播的符号。有人则说它是一部书,是一部关于地方自然和文化的书,它记载着一个地方的自然和社会的历史,讲述着动人的故事,讲述着人与自然、人与社会的关系。

景观规划在总体设计结束之后即进入景观设计阶段,景观设计相对于总体设计来说实质上就是详细设计，详细设计的主要任务是以总体设计为依据，详细贯彻各项控制指标和其他设计管理要求，或者直接对旅游区做出具体的安排和对每个局部进行技术设计。它是介于总体设计与施工图设计阶段之间的设计。

当旅游区规模比较大，在总体布局确定后，可根据实际需要，分别进行每个分区的详细设计，或各个分项的详细设计，如道路分项、建筑分项、小品分项、广场分项、水体分项、种植分项等。无论采取哪种途径进行详细设计，与总体设计阶段的定位不同，各分区的旅游活动特性决定了它们在设计上侧重面的不同，详细设计阶段更侧重具体场地的功能性与个性塑造。

第二章　不同类别的旅游景观

根据人类活动影响的大小，可以把自然旅游景观分成三类：原始的自然风光、风景名胜和田园风光。自然旅游景观主要由地形、气象、水体、动植物和人文等要素构成。这些要素是互相影响、互相制约的，在自然旅游景观中共同构成了一个地域环境背景。人文旅游景观，又称文化景观，是人们在日常生活中，为了满足一些物质和精神等方面的需要，在自然旅游景观的基础上，叠加了文化特质而构成的景观。它是社会、艺术和历史的产物，带有其形成时期的历史环境、艺术思想和审美标准的烙印，具体包括名胜古迹、文物与艺术、民间习俗和其他观光活动。

第一节　自然旅游景观

一、山水文化旅游景观

（一）山岳文化

我国的山岳文化之中，泰山、华山、衡山、黄山、庐山和雁荡山这六座山脉最具代表性，各以雄、险、奇、秀、丽、胜为世人所熟知。这些往往都是人们山岳旅游的必去之处。

泰山（图 2-1）为五岳之首，位于山东中部，面积达 426 平方千米。

图 2–1 泰山

西岳华山（图 2–2）在陕西华阴县南，它北瞰黄河，南连秦岭，由东南西北中五峰环耸，犹如一朵盛开的莲花。华山奇峰耸立，绝壁巍峙，陡险难攀，有“自古华山一条路”之说。

图 2–2 华山

南岳衡山（图 2–3）位于湖南中部，山势雄伟，盘行数万里，有大小山峰 72 座。衡山有四绝，一绝祝融峰之高，二绝藏经殿之秀，三绝方广寺之深，四绝水帘洞之奇。

图 2–3 南岳衡山

黄山（图 2–4）雄居于风景秀丽的皖南山区，面积 154 平方千米，屹立着成群的巍峨奇特的山峰，号称七十二峰，三大主峰天都峰、莲花峰、光明顶海拔均在 1800 米以上。

图 2–4　黄山

庐山（图 2–5）地处长江边，鄱阳湖畔，属地垒式断块山，山顶地势平展，山谷宽衍，山势浑圆。

图 2–5　云海庐山

雁荡山（图 2–6）位于浙江乐清县东北，屹立在东海之滨，面积 450 平方千米，主峰百岗尖海拔 1150 米，次峰雁湖岗“岗顶有湖，芦苇丛生，结草为荡，秋雁宿之”而得雁荡名。

（二）江河文化

1. 三江并流

三江并流地区（图 2–7）是指在中国云南省西北部迪庆藏族自治州与傈僳族自治州境内穿过的怒江、金沙江和澜沧江三条大江并行奔流数百公里而不交汇的广大地区，是中国境内面积最大的世界遗产地。

图 2-6　雁荡山

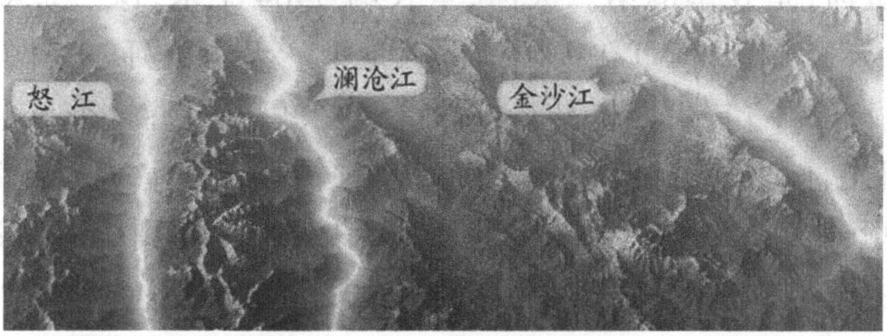

图 2-7　三江并流示意图

2. 长江三峡

长江，是我国的第一大河。它发源于青藏高原唐古拉山各拉丹冬峰西南侧，全长 6300 多公里，流经青海、西藏、云南、四川、重庆市、湖北、湖南、江西、安徽、江苏和上海等 11 个省（自治区、市），在上海注入东海。三峡地段的长江（图 2-8），称为峡江，三峡是指瞿塘峡、巫峡、西陵峡，西起四川奉节白帝城，东到湖北宜昌南津关，全长 193 千米。三峡是河谷地形，峡谷与宽谷交错排列，峡谷总长 90 千米，宽谷总长约 103 千米。三峡地段，时而出现峡谷，峭壁嵯峨，幽深险峻；时而出现宽谷，江面展宽，广阔秀丽，是长江峡谷水道为主的河川风景名胜区，是一幅幅生动的山水画卷。

图 2-8 长江三峡

3. 黄河壶口瀑布

黄河，是我国的第二大河，全长约 5464 千米，像一条金色的巨龙，奔腾不息，横亘在中国中部大地上。天下黄河一壶收，壶口瀑布（图 2-9）在山西吉县县城西南 25 公里处。春秋季节水清之时，阳光直射，彩虹随波飞舞，别有一番情趣；冬日，黄河封冰，那是千里冰封，万里雪飘，大河上下，顿失滔滔；而到了春暖冰融，黄河中解冻的冰块，猛烈冲撞，河边冰凌全部炸开，黄河好似洁白的哈达，飘飘洒洒，冰清如黛，水烟袅袅，仿佛是烟雾中一片琼楼玉宇，阳光闪烁，冰河上反射出串串光环，那又是一曲壮歌。

图 2-9 黄河壶口瀑布

4. 运河览胜

全长约 1794 千米的京杭大运河（图 2-10）沟通了钱塘江、长江、淮河、黄河和海河五大自然水系，共流经浙、苏、鲁、冀、津、京六省市，是迄今为止发现的人工开凿的最早、最大、最长的运河。

图 2-10 京杭大运河

5. 钱塘江观潮

钱塘江潮之所以特别宏伟，甲冠天下，是因为钱塘江出海口——杭州湾的地形特殊，得天独厚之故（图 2-11）。

图 2-11 钱塘潮

二、建筑文化旅游景观

（一）我国古村落的地方风格

我国古村落分布广，形成时间长，空间布局形式多样，具有明显的地方特色。

1. 江南水乡古村落——小桥、流水、人家

我国比较典型的江南古村落当属上海朱家角。这一地带水

网纵横，村落随河而建，建筑结构轻盈小巧、尺度适宜，从而给人以亲切和谐的美感。这种村落的风格特点是在弯弯曲曲的小河之上有横跨水面的各式小桥，临水而建的民居之前有穿梭水巷的小船，恰似我国传统山水画中的理想画面。

2. 皖南山区古村落——人在画中行，画在山水间

皖南山区的古村落和徽商有紧密的关系。茶商用做生意挣来的大笔金银请来全国各地优秀的匠人建设自己的家园。皖南山区古村落的自然山水及其丰富的人文景观给整个村落都带来一种清新的园林风格。皖南山区村落的民宅大多精巧雅致，石雕、砖雕、木雕这徽州三绝构成建筑外观上的多彩画卷。徽州古村落的美，还不仅于此，徽商从江浙与岭南借鉴的文化也在这里有所体现。

3. 闽、粤、赣等地客家古村落——土楼安其居，风水助其祥

闽、粤、赣三省交界之处是客家人的主要居所。三省交界之地山高水长，是一个理想的避世之所。这也是客家文化的一个典型特征。客家人在这三省交界之地建起了严密坚实的围屋（粤）、土楼（闽）和土围子（赣），这是该地村落最具标志性的人文建筑。客家人建筑的土楼非常讲究风水，每个结构几乎都和风水相关，从而为久经战乱的客家人提供一种心理上的安慰。

4. 云南南部傣族村落——芭蕉、竹楼和缅寺

云南南部气候湿热，在此居住的傣族村落空间形象清晰而富有个性。傣族的建筑布局以散热通风为主，其建筑形式是一种干栏式竹楼，四面敞开，易于通风，大坡度的类似于芭蕉叶的陡坡屋顶，不但利于雨水排泄，还给人一种轻盈、通透的美感。傣族信仰佛教，因此其整个村落结构以缅寺为中心，其他建筑结构依次排开，呈现出对佛教信仰的恭敬与虔诚。

5. 湘西地区古村落——飞翘的马头墙

湘西多山水，此地古村落也与青山绿水为伴，民居最突出的

形象则是呈跌落状台阶形的马头墙。这种墙有实用性，能够起到防火和防水的作用，还具有一定的装饰性，翘起的尾沿使得整个建筑犹如一只飞起的凤凰。湘西古村落的建筑结构依山势而建，春天来时花开满整个山间，散落在整个村子中，使得整个村子都像是一幅美丽的画卷。

6. 湘、黔、桂的侗族村寨——高耸的鼓楼和精美的风雨桥

湘、黔、桂三省交界地区是侗族人家的居住之地。侗族村落的醒目标志则是它的鼓楼和风雨桥。因为历史的原因，侗族人大多生活在山区的河谷地带，并习惯于在桥上建起带顶的通廊，并饰以精美的壁画和饰品。这种桥被称之为风雨桥，不但能让行人在此处避雨，还给整个村落带来一种美感。鼓楼与鼓楼广场是村民议事和举行重大节日的场所，通常高耸于其他建筑之上。

7. 西北窑洞村落——人融入自然

西北地区地处我国黄土高原，这里常年干旱少雨，林木短缺，但是土质优良，给这一带的人们建造窑洞创造了条件。窑洞的建筑十分强调利用自然地形，这样一方面能够节约土地，减少材料和人工的浪费，另一方面则使整个建筑更加冬暖夏凉。人们选择这种居住方式是当地人长期适应自然、选择自然的结果。因此，整个窑洞村落给人的感觉则是非常质朴与自然。

8. 四川境内临江村落——吊脚为楼，顺坡造屋

四川境内多大江，临水而居则是四川传统村落的一种基本结构。这里大量传统村落，或驻台为基，在少有的平地上建造其一处居所，或者顺坡造屋，借助山势构建民居。这样多种样式的建筑给整个古村落带来一种空间层次非常丰富的环境，形成一种独特的临江村落景观。

9. 广东茶阳传统渔村——节奏分明、错落有致的短坡屋顶

广东大埔县茶阳古镇的渔村聚落是临水而建的，这里年降水量大，屋顶陡峭而短促。两岸地势不高，为了防洪，建筑多为三至

六层，村落建筑高低错落，极富节奏和韵律感。

（二）我国历史文化名城的含义及分类

1. 历史文化名城的含义

历史文化名城，国外一般称其为“古城”或“历史城市”，是指在历史上有着重要的或独特的政治、经济、军事、科学、文化、建筑、艺术、交通地位，或在人类文明史上具有特殊地位和意义，保存了较多的历史文物古迹，且至今仍具有较大的城市规模，具有重要的历史价值、文化艺术价值和科学价值的城市。

在新中国成立以后，我国许多城市百废待兴，由于城市建设者对城市文化遗产的价值和作用缺乏足够的认识，在当时对城市的文化遗产进行了摧残，因此除了极少数的城市以外，大多数城市已经丧失了原来的城市风貌。在改革开放以后，我国城市建设进入了新的高潮时期，房地产业大肆兴起，城市开始了大拆大建，一些重要的旧城区遗产被拆掉，旧城换新貌的同时，一些古城的特色风貌也丧失了。

1982 年，我国开始了城市文化保护的工程，开始运用“历史文化名城”的概念对我国一部分古城进行文化保护，首批列入国家历史文化名城的城市一共有 24 个，在 2015 年年底这个数目达到了 129 个。我国历史文化名城的保护情况现在基本上能够呈现三种：第一种形式是完整保护古城，新城与古城分开建设，例如平遥与丽江；第二种形式是保护古城的一些重要街区，例如苏州与扬州；第三种形式是保护一些重要的文物保护单位，城市整体面目已经改观，例如南京与南昌。

2. 历史文化名城的分类

根据不同的标准，历史文化名城可划分为不同的类型。一般根据城市的历史形成和作用、民族文化特色以及城市功能特点等，将历史文化名城分为以下七类：

（1）古都型。该类型名城是指历史上有一个或多个王朝建都于此，曾是该国的政治、经济、文化中心，拥有大量的历史文物古迹的城市。这是历史文化名城中最重要的一类，也是世界各地旅游者的向往之地。西安、北京、洛阳、开封、南京、杭州、安阳、郑州并称“中国八大古都”。

（2）传统风貌型。该类型名城是指保留一个或几个历史时期积淀的有完整建筑群的城市，如平遥、曲阜、韩城等。

（3）风景名胜型。该类型名城是指因建筑与山水环境的叠加而显示出鲜明个性特征的城市，如桂林、苏州、大理、青岛、岳阳等。

（4）少数民族文化特色型。该类型名城主要是指那些保留着地方历史文化和民族风情，具有明显的民族文化特色的城市。这类历史文化名城多分布在少数民族聚居区域，如西藏的拉萨、云南的大理和丽江古城等。

（5）纪念胜地型。该类型名城主要包括历史上发生过革命事件，在革命斗争史上占有重要地位，且保留了革命纪念地和革命遗址的城市，以及具有历史名人遗址和故居的城市。如遵义、延安、南昌、孔子故乡曲阜、鲁迅故乡绍兴等。

（6）特殊职能型。该类型名城是指某种职能在历史上占有极突出地位的城市。这类名城集中反映了我国古代科技、文化、经济和交通的杰出成就，如自贡、景德镇、都江堰等。

（7）地区统治中心型。该类型名城主要是指历史上各郡国的都城或政权所在地，一般都是某地区的统治中心，现多成为各省、市的首府所在地和当地重要的中心城市。如古蜀国都城——成都、吴国都城——苏州等。

三、园林文化旅游景观

（一）中国园林的起源发展

园林是指在一定的区域内，运用艺术手法，通过种植花草树木、改造地形及营造建筑，营建出具有诗情画意、环境优美的自然游憩空间，具有游憩和调剂生活之用。

中国享有“世界园林之母”的美誉，并与古希腊和西亚并称为世界三大造园体系。中国园林从殷商至今已有3000多年的历史，并形成了独特的造园体系。中国园林文化源远流长，博大精深，蕴含和再现着中国古人的文化追求和审美体验。中国园林是中国传统文化典型的代表性符号之一，是中国经典文化的奇葩。以皇家园林为代表的北方园林与以苏州私家园林为代表的江南园林和岭南园林构成了中国园林的三大派系。园林从产生之初就与休闲娱乐活动密切相关，到园林发展后期，旅游功能越发凸显。

1. 秦汉之前的园囿

秦汉之前的殷商时期是中国园林发展的萌芽期，出现了中国园林艺术的源头——“囿”。从中国迄今发现最早的文字殷商甲骨文中，可以查到有关中国园林发展雏形“囿”“苑”的记载。甲骨文是商代巨大的成就，文字以象形为主，从甲骨文中记载的园、囿、圃等字的活动内容，可以看出囿最具有园林的性质。据《周礼》记载，当时皇家园林最早就是以“囿”的形式出现的，即在一定的自然环境范围内，放养动物、种植林木，挖池筑台，以供皇家打猎、游乐、通神和生产之用。因此说，苑囿是当时最高统治者所拥有的一大块自然林地，里面种植树木、果蔬、畜养禽兽，并筑建高台等简单建筑，它不仅满足了统治者生活享受的需要，还具有重要的政治、经济意义，政治上主要是杀禽祭祀，统治臣民；经济上供宫廷消费和赏赐臣民，并且天子和诸侯都拥有自己的园囿，只是随着时间的推移，这些园林早期的园囿有了规模和等级划分，如“天子百里，诸侯四十里”。中国园林发展早期的雏形主要形式有囿、苑、圃以及园等，囿主要用于圈养动物以供食用、欣赏或其他经济来源；苑则是将山川林木围起来以供狩猎，主要是帝王围猎；圃主要用于种植蔬菜；园主要用于种植果木等。中国古典园林中最早出现的类型是皇家园林，因此秦汉之前的园囿也主要为帝王诸侯所有。比较著名的包括商纣王的鹿台和沙丘苑台、周文王的灵苑等。到春秋战国时，诸侯势力强大，各地诸侯都在自己的都邑附近营建规模不同的园林，并在中心筑台，保留高台通神的功能，但台的游乐功能已经扩大，如魏国的温囿、吴国的长洲苑、夫差姑苏台等。虽然这些园囿在主观上不是为了观赏而修建，但是在客观上却奠定了后来中国人工山水园林和自然风景园林发展的基础。

秦始皇统一六国后，建立了中央集权的秦王朝，大兴土木，开始连续不断地营建"宫、苑"，真正意义上的皇家园林由此滥觞，史无前例的皇家园林开始出现，秦始皇营建的大小"宫"、"苑"多达300余处，其中最有名的是在首都咸阳渭水南边修建的上林苑，它开了人工堆山的风气。皇帝在此骑马、打猎，面积非常大，咸阳渭河以南方圆几百里都属于上林苑，上林苑及阿房宫成为当时最大的一座皇家园林。到西汉时，汉武帝扩建上林苑，上林苑规模绵延300里，宫室建筑达70多所，汉武帝还在建章宫中开凿了太液池，在池中堆了三座山，用来象征传说里东海中的蓬莱、方丈和瀛洲这三座神山仙岛，开始了中国园林"一池三山"的发展模式，在西汉众多宫苑中比较著名的主要有上林苑、未央宫、建章宫、甘泉宫等。

2. 魏晋的山水园林

魏晋时期的园林造景逐渐转化为自然气氛，诗画开始成为园林的载体，中国园林进入了发展的重要转折期。被称为中国历史上最富有艺术精神的时代的魏晋南北朝时期是历史上的一个大动乱时期，社会思想异常活跃，儒、道、佛、玄齐相争鸣，思想、文化、艺术上都发生了重大变化，产生了历史上著名的魏晋风度。思想的解放、艺术的变革、文化的发展引起了园林创作的变革，造园活动逐渐普及到民间，并开始升华到诗画兼容的艺术创作境界，魏晋南北朝也成了中国园林发展史上的重要转折期，奠定了中国古代私家园林的基本格调和“诗情画意”的写意境界，并对皇家园林以后的发展产生了深远的影响。文人园林开始向追求质朴自然的风格发展，与此同时，私家园林的这种追求直接影响了这一时期皇家宫苑的发展取向。造园手法由单纯的模仿发展为提炼，坚持以自然为基调。皇家园林的通神与狩猎功能逐渐转淡，游历、观赏成为主导。魏晋时期的文人山水园、别墅得到了较快的发展，真正成为了文人隐士的“归田园居”。此时期中国园林形成文人私家园林、皇家园林和寺观园林三大园林类型并行发展的局面。

这一时期的私家园林多以纵情山水为尚，隐逸情调与“归田园居”的思想影响着后世的文人园林风格。由于魏晋南北朝时期战争不断，朝廷奢靡，社会动荡不安，儒家学术思想逐渐瓦解，政治上已经无力对学术文化进行干预，被压抑数百年的先秦诸子学说，特别是崇尚自然的老庄哲学开始受到重视，佛教传人和玄学兴起把中国文化推向了多元。此外，文人雅士厌世情绪高涨，蔑视儒学礼教，强调个人才情品貌，倾向人与自然的融合。因而士大夫、文人大多寄情山水规避世俗，达官士族以及有权势的富豪也纷纷造园，竞相效尤，并出现了所谓的“江左嘉遁”和“肥遁”。他们远离人世，逃至荒芜山林中，饮酒、服食、抚琴、作诗、作画，与自然融为一体。西晋时出现了山水诗和游记。到了东晋，对自然景物的描绘已是用来抒发内心的情感和志趣，例如陶渊明笔下的《桃花源记》《归园田居》《饮酒》等诗篇。《桃花源记》为后人勾画了一个与尘世隔绝的世外桃源，不仅因为“少无适俗韵，性本爱丘山”，更是在于陶渊明的理性选择，那里的山川景物，表现出的是诗人理想的主观美。南朝侍臣庾信的小园，以《归去来兮辞》为蓝本，构建的简朴、宁静、恬淡，与纷乱的尘世对比鲜明，寄托着园主人任性自然的理想。这些反映在园林创作中，则为追求再现山水，有若自然，士人们体玄识远、萧然高寄的襟怀都在理想的士人山水里尽情展现。

在时代精神的浸染下，帝王宫苑的面貌也发生了巨大变化，例如曹魏时期帝王都具有很高的文学修养，审美开始走向高雅，文学艺术成为帝王们精神生活和文化娱乐的重要组成部分。园林布局和内容建设在继承秦汉苑囿某些特点的基础上，又增添了大量的自然色彩和写意成分。曹操曹丕父子都是著名的建安文学的代表。魏文帝曹丕在位时在洛阳修建的华林园，就是在汉旧苑的基础上扩建的。此时皇家园林的兴建大量运用人工堆山、开挖水池等手段，引水绕殿堂前，形成园内完整的水系，园中各种雕刻小品、植物花木配置齐全，并有娱乐的场所。南北皇帝受玄风的影响，也崇尚雅尚隐逸，特别欣赏士人自然山水园的高逸风格，都刻意效仿或请著名士人来监造皇家园林。南朝地处江南，气候温和，风景优美，山水园更是别具一格。玄武湖就是南朝皇帝专请能文善舞、通晓音律的士人张永督造的。

魏晋南北朝佛教发达，寺观园林大量发展，中国土生土长的道教也开始向上层统治阶级深入。例如梁武帝时，仅建康(今南京)一地，佛寺就有 500 多所；北魏奉佛教为国教后，更是大建佛寺，据《洛阳伽蓝记》记载，当时洛阳城内外有 1000 多所，北齐时全国佛寺更是过万所，且都建于名山胜水之地。“天下名山僧占多”，“十分风景属僧家”，这也成为人们普遍认同的客观现象。“南朝四百八十寺，多少楼台烟雨中”更是生动地描述了当时寺观园林的发展盛况。魏晋南北朝时期寺观园林大量发展有多方面的原因，首先是宗教文化本身的需要。宗教具有哲学和神学两方面的内涵，与仙山神水有着不解之缘。中国原始宗教的“蓬莱仙岛”以及秦汉“一池三岛”的格局，道教得道成仙的理念，都充满着对超凡脱俗圣地的向往。修建在名山秀水中的寺观，正满足了这种精神环境的追求。其次，道教修炼场地的需要，深山幽地，就成了道教的福地和洞天。如中国四大道教名山青城山、武当山、龙虎山、齐云山都是风景绝佳。最后，佛玄道的碰撞和融合也促生了寺观的兴建。比较著名的寺观有中国最早的佛寺洛阳白马寺、苏州最古老的佛寺报恩寺以及苏州寒山寺、洛阳龙华寺等，园林定期或长时开放，各种游园活动盛极一时。

随着人们把寄情山水和崇尚隐逸作为社会风尚的发展，越来越多的自然景观被中国文人以诗、画的形式记录下来，山水花木的运用完全脱离了简单的仿写自然，造园要素更加典型化，被赋予了更深的寓意，造园技法也从单纯的写实发展到写意与写实相结合的情景交融阶段。山水诗、山水画的快速发展带动了中国山水园林的兴建，文人山水园、寺观园林、皇家园林风格逐渐成型。

3. 唐宋的造园艺术成熟

唐朝是我国封建社会的全盛时期，国富民强、文化艺术空前繁荣。中国古典园林至隋唐时期臻于完善，达到了发展的全盛时期，至宋代造园技艺达到了历史的最高水平，进入了园林艺术的成熟期。隋唐虽短，却留下了诸多傲世的建筑作品，如大运河、唐长安城、赵州桥、敦煌石窟、龙门石窟等。隋炀帝所修建的显仁宫，以及在洛阳兴建的西苑，是继汉武帝上林苑后最豪华壮丽的皇家园林。“南宗文人画”鼻祖王维“辋川别业”的出现更是标志着诗画兼容的崭新文人园林的真正出现。此时寺观园林与风景名胜融为一体，为后世留下了多处著名的寺庙园林。中国园林完成了从早期“模山仿水”逐渐发展为“写意山水”的转变，皇家园林、私家园林和寺观园林呈现出了各自鲜明的风格特点。

隋至盛唐时期是中国封建社会繁荣日臻鼎盛的时期，社会政治、民族、文化等在总体上都呈现出多元的特点，思想界也较为自由活泼。特别是生活在盛唐时代的人，都有不同程度的理想追求，文人们不甘心当文人，表现出具有盛唐时代的社会习尚和文化精神的显著特征：既超脱又入世。隐逸生活也是那个时代人们吟咏的中心，他们对山林、寺观所表现的幽寂之景和方外之趣、对丘壑之美有着异乎寻常的感情。艺术成为一种“自娱”的产物、寻求内心解脱的方式。园林发展完成了以山水为特征的魏晋玄佛艺术精神，向以内心为特征的禅宗艺术精神的转变。“外师造化，中得心源”，成为中国艺术包括构园艺术创作所遵循的基本原则。中唐开始，文人山水园大量出现，既有位于城外的山庄别业，还出现了供人日涉的城市宅园或城市山林。造园手法尽情发挥,“壶中天地”即以小见大的造园理论与手法得到很好的运用,且更加注重园林形式美的追求。宋代园林效法自然而又高于自然,多为写意山水园(即根据造园者对山水的艺术认识和生活需求,因地制宜地表现山水真情和诗情画意的园,达到寄情于景、情景交融、充满诗情画意,称为写意山水园),城市山林、主题园林大量出现。中国园林艺术类型和风格基本定型并日趋成熟,造园活动以类型、数量、质量与艺术风格的全面发展而形成高潮。各类园林的个性已经逐渐形成,皇家园林表现出宫苑与宫殿、宫城紧密结合,层次严整,统一中求变化的特点,在仙海神山的传统框架中,突出了水体的景观,展示出恢宏的气魄和灿烂的光彩;士人园林力求达到园中有诗、园中有画的艺术境界,从美学宗旨到艺术手法都进入了成熟阶段;在儒、道、佛三教并行的文化情势下,佛寺道观园林获得了长足的发展,形成了各自的特色:道观园林“山河扶绣户,日月近雕梁”,寺庙园林“疏钟清月殿,幽梵静花台”。园林艺术意境空灵、淡远,但又具有明净、流动和静谧的气韵。

(1)富丽堂皇的皇家园林。唐宋皇家园林主要集中在长安(今西安)、洛阳、东京(今开封)、临安(今南京)等地,数量多且规模宏大,非魏晋南北朝时期所能比拟,显示出了“九天阊阖开宫殿,万国衣冠拜冕旒”的泱泱大国气概。唐朝长安城宫苑壮丽,是宫苑最集中的地方。大明宫、大内三苑、华清池等成为唐朝皇家山水宫苑的代表。大明宫是唐代建筑最豪华的宫苑,分为宫廷区、苑林区、东内苑。南为宫廷区,从丹凤门为起,自南向北以含元殿、宣政殿、紫宸殿为中轴线,园林与建筑分布两侧;北有太液池,池中蓬莱山独踞,池周建佛寺、三清殿、学舍等建筑,并有回廊达四百多间。大内三苑以西苑最为优美。苑中有假山,有湖池,渠流连环。长安城东南隅有芙蓉园、曲江池,并在一定时间内向公众开放,为古代一种公共游乐地。

两宋时皇家园林虽然在规模与气魄上不及隋唐,但是园林更加注重意境的创作,其精致程度和文化内涵是以往任何朝代所无法相比的。艮岳、琼林苑、金明池都是北宋著名的皇家园林。宋徽宗亲自参与建造的艮岳具有浓厚的文人园林意趣，成为中国园林发展史上写意山水园林的集大成者，对后世造园具有划时代的意义，有史料称北京的北海公园就是以艮岳为原型建造的，著名的“花石纲”就是修建此园时大量选采石而出现的。宋徽宗还亲自写了一篇《艮岳记》，文中写道：“东南万里，天台雁荡。凤凰庐阜之奇伟，二川三峡云梦之旷荡。四方之远且异，徒各擅其一美，未若此山并包罗列……”宋徽宗把天台、雁荡、三峡等天地间的秀山秀水美景都最大限度地聚集于一园，显示了皇家帝王园林的宏伟壮丽和磅礴气势。无论是唐朝的山水建筑宫苑还是宋代的写意山水园，无不表现出皇家园林的规模宏大和豪华壮丽。

（2）诗情画意的文人雅士园林。唐宋山水画、山水诗把中国园林特别是文人园林带进了诗情画意的写意山水园林时代。唐朝文人雅士以风雅高洁自居，多自建园林，与豪华奇丽的皇家园林风格形成对比，园林风格清新雅致，并将诗情画意融贯于园林中，追求抒情的园林情趣。白居易、王维、杜甫等成为当时文人造园的代表人物。白居易的庐山草堂、王维辋川别业、杜甫草堂等也成为文学艺术和园林艺术融为一体的著名园林胜地。特别是山水田园诗人代表王维的辋川别业的出现，标志着诗画兼容的崭新的文人园的真正出现。而宋代文人认为可居可游的园林才能真正的“快人意，实现内心的寄托”，山水画不过是书面上的，由此宋代文人造园开始由随山依水转向了人工造山理水，而且两宋文人对奇石具有独特的鉴赏力，叠石、理水、植木、莳花都十分讲究，建筑造型与装饰注意与自然环境相融合，人工叠石造山理水也成为宋代造园活动的重要特征。现在苏州四大名园沧浪亭最初就是北宋写意文人园的代表，另外还有司马光的独乐园。

（3）与名胜浑然一体的寺观园林。佛教和道教经过魏晋南北朝的广泛传播，到了唐代达到了兴盛的局面，佛寺、道观空前兴旺。很多大型寺观已发展成为包括殿堂、寝膳、客房和园林四部分的大型建筑群。寺庙道观往往建于风景名胜地，这种现象在晋代已经出现，到了唐宋随着园林向天然山水的开拓而更为普及与提高。如唐长安城近郊的曲江池、芙蓉园、杏园、慈恩寺等所形成的风景名胜系统。而且“曲江畅游”“杏园赐宴”等盛举至今脍炙人口。再如中国佛教四大名山无不是风景优美的名胜地。如浙江普陀山，四周烟波浩渺，岛上岩山奇峻，风光别致，逐渐发展成了寺庙林立的海天佛国。杭州灵隐寺、苏州寒山寺都是唐宋时期著名的与风景名胜融为一体的寺观园林。初唐诗人宋之问曾这样描写杭州灵隐寺：“鹫岭郁岧峣，龙宫锁寂寥。楼观沧海日，门对浙江潮。桂子月中落，天香云外飘。扪萝登塔远，刳木取泉遥。霜薄花更发，冰轻叶未凋……”

4. 元明清古代园林艺术的高峰

元明清时期，特别是明清时期，是我国园林艺术发展的集大成时期，在处理园林真山真水及人与自然的和谐方面达到了炉火纯青的地步，堪称造园艺术的顶峰。元、明、清时期的园林继承了传统的造园手法并形成了具有地方风格的园林特色。在北方以北京为中心的皇家园林，多与离宫结合，建于郊外，少数建在城内，或在山水的基础上加以改造，或是人工开凿兴建，建筑宏伟浑厚，色彩丰富，豪华富丽。在江南以苏州、扬州、杭州、南京等为代表的私家园林，多与住宅相连，在不大的面积内，追求空间艺术变化，风格素雅精巧，因时随形创造出了“咫尺山林，小中见大”的景观效果。并且明清时期名园迭起，文人、专业造园家和工匠三者结合，促进了园林的系统化、理论化发展，造园理论有了重要发展，明朝计成所著《园冶》代表了我国造园艺术的理论精华，标志着中国园林艺术的高度成熟。

明清时期江南私家园林写意咫尺山水，成为艺术范本。元朝由于经济政治多方面的条件限制，除了皇家宫苑外，文人园林不多，苏州狮子林作为早期寺庙园林的代表具有极高的文化艺术价值。从明代中叶开始，造园风气大盛，士大夫们为满足家居生活需要，大量建造以山水为骨干，富有山林之趣的宅园，在有限的空间里追求空间艺术变化，满足欣赏的需要。数以千计的江南苏州、杭州、扬州、南京以及岭南私家园林，乾隆后逐渐形成了以苏州园林为代表的私家园林特色，造园手法由“壶中天地”转向“芥子纳须弥”，在更为狭小的空间展现更高的艺术水平，文学艺术成了园林不可或缺的组成部分。造园意境达到了自然美、建筑美、绘画美和文学艺术的有机统一，成为融文学、美学、建筑、山水、花木、绘画、书法、哲学等于一体的综合艺术宫殿，以高雅、淳朴的文化格调成为中国古典园林的正宗代表，成为明清皇家及王侯园林效法的艺术范本。

明清时期皇家园林包罗万象，展现新突破。此时期的皇家园林以北京西郊的三山五园（玉泉山、香山、万寿山；静明园、静宜园、圆明园、畅春园和清漪园）、三海御苑（北海、中海、南海）和承德避暑山庄为代表。康熙、乾隆在南巡中将江南园林高超的造园艺术引进御苑，大大丰富了皇家园林的艺术手法，使皇家园林出现了颇具特色的“园中之园”。明清皇家园林除了继承历代园林的特点，还有了新的发展，主要表现在：首先是使用上多功能化，如当时颐和园集起居、听政、受贺、骑射、礼佛、礼祖等为一园；其次以集仿各地名园胜迹于园中作为皇家造景的主导思想，如颐和园昆明湖的景物布局学习的是杭州西湖、潇湘烟雨和江苏吴苑的水乡风光，苏州街模仿的是苏州虎丘的山塘街等；最后是表现出了特定的建筑布局形式，兼具皇家气派又不失轻快灵活，如承德避暑山庄地形为中国版图缩影，西北高具有蒙古草原风格，东南低具有江南的秀美特色。

明清时期还出现了更专业的造园家和名工巧匠。其实宋代在苏州就出现了专门从事叠山的匠师，称“花园子”或“作山匠”。此时形成了以木匠为主，集木匠、泥水匠、漆匠、雕塑匠、叠山匠、彩绘匠等古典建筑中全部工种于一体的建筑工匠群体“香山帮”。明朝蒯祥被称为“香山帮”的鼻祖。今天的天安门（明代的承天门）就是蒯祥主持设计，“香山帮”集体建造的。自明朝开始，苏州园林、北京故宫博物院、大型皇家宫殿以及以西藏布达拉宫为代表的寺观等杰出建筑，都是出自“香山帮”之手。姚承祖所著的《营造法原》被称为中国南方建筑之宝典。明末吴江人计成所著的《园冶》详细论述了园林的空间设计、建筑设计、叠山理水以及花草树木的种植等艺术手法，并提出了“相地合宜、因地制宜、虽由人作、宛自天开”的造园理念，代表了中国造园理论的最高水平。

（二）中国园林的分类

我国园林的分类很多，从地域分有北方园林和南方园林，俗话说北方之雄，南方之秀。其实这是笼统的。因过去以长江为界，但即便以长江以南园林为例，吴越园林和闽粤园林差异却很大，即使相邻很近的园林，徽派、苏派、浙派的园林风格也不同。

1. 气势恢宏的皇家园林

皇家园林主要是辽、宋、元、明、清各代在北京地区建造的。其中又以明清两代的古迹为多，如紫禁城的御花园、慈宁宫花园、建福宫花园、宁寿宫花园等，位于紫禁城旁的景山和西苑（三海），位于京城郊区的颐和园、圆明园遗址，离京城较远的离宫承德避暑山庄，等等。

皇家园林规模宏大，装饰豪华。乾隆曾在《静明园记》中写道：“若夫崇山峻岭，水态林姿，鹤鹿之游、鸢鱼之乐。加之岩斋溪阁，芳草古木。物有天然之趣，人忘尘世之怀。较之汉唐离宫别苑，有过之而无不及也。”比如承德避暑山庄（图 2-12）占地 564 公顷，不仅广阔，而且注意不同地形地貌，山区、平原区和湖区经叠石增丘，筑殿建室后，竟然再现北国山丘、塞外草原、江南水乡，该园以山峰为主，占 4/5，平原、水域为 1/5。平原部分有永佑寺塔、文津阁藏书楼、试马埭、万树园，极力表现蒙古草原的景色；山区以青山、翠谷、繁花、奇石装点，山地园林建筑园落，骑涧跨谷，争奇斗险；湖区三堤七岛，把 29 公顷的水面隔成六个湖面，使深远和窈折兼而有之。

图 2-12　承德避暑山庄

2. 玲珑秀美的江南私家园林

江南园林主要集中在江苏、浙江一带，尤以杭州、扬州、苏州为多，无锡、宜兴、吴县、常熟、南通、上海、海宁、宁波、绍兴也有私家园林，它们多建于城市之中，占地不大，园中亭台楼阁，配以山水花木，以素雅精巧、小中见大的风格取胜，巧美秀雅，体现出浓重的书卷之气。

它不同于燕赵的慷慨，楚汉的雄风，而是充满吴越的灵秀，许多专家对这种风格皆有点评，“其烟渚柔波之自然，其婉丽妩媚之气质，其人工与自然融合之天衣无缝，窈折幽胜，仍为苏杭等地之园林所无法比拟者”。这些都可作为江南园林书卷气的佐证。再以园林布置为例，皇家园林、官邸园林、富商园林总是使用对联、匾额、书画等形式，但在内容和风格上都有明显的区别，皇家园林总是夸耀安邦治国、文治武功的政绩；佛道圣地常常以参禅悟道、出世归隐劝诫世人；富商园林尽管附庸风雅，但总掩饰不住踌躇满志的得意和一本万利的希求；江南园林总是以聚友赏景、谈书论画为题，求的是吟风弄月的氛围，表现的是淡泊明志、宁静致远的意趣。

苏州园林中的拙政园（图 2-13）、留园、网师园和环秀山庄，于 1997 年根据文化遗产遴选标准列入《世界遗产名录》，2000 年沧浪亭、狮子林、艺圃、耦园、退思园也扩展进入《世界遗产名录》。

世界遗产委员会对苏州园林的评价为:“没有哪些园林比历史名城苏州的园林更能体现出中国古典园林设计的理想品质,咫尺之内再造乾坤。苏州园林被公认是实现这一设计思想的典范。这些建造于11至19世纪的园林,以其精雕细琢的设计,折射出中国文化中取法自然而又超越自然的深邃意境。”

图 2-13 拙政园

3. 凭海临风的岭南园林

岭南园林是有特点的,它们虽效法于江南园林和北方园林,却能将精美灵巧和庄重华丽集于一身,园林以山石池塘为衬托,更结合南国植物配置,并以自身建筑的简洁、轻盈布置其间,形成岭南庭园的畅朗、玲珑、典雅的独特风格。

广东代表性的清代四大名园是顺德清晖园、东莞可园、佛山梁园十二石斋和番禺余荫山房。余荫山房(图 2-14)建于同治三年,东与瑜园紧邻,西与潜居、善言两祖祠紧贴相通。园内主体建筑四座,楼台馆舍与池苑相配合,小巧玲珑,含蓄幽邃,池北深柳堂绿树环抱,池南临池别馆,木雕石雕、玻璃瓷片装饰玲珑精致,四周八角池、玲珑水榭、花径、假山与绿荫如盖的高树、馥郁婀娜的鲜花穿插配置,虚实呼应,起伏曲折,回环幽深,隐小若大,真正是“余地三弓红雨足,荫天一角绿云深”。

图 2-14　余荫山房

（三）中国园林的空间布局

1. 园林空间组合的先抑后扬

中国古典园林的景色安排同中国文学观念是有一定相似之处的。在中国古典园林的建设之中，同为文人的设计者们非常注意园林的空间处理，对于园林空间的大小、开合、高低、明暗的变化十分重视。园林设计者在要设计进入一个较大空间之前，常会设计一个曲折、狭窄和幽暗的空间作为其过渡，起到视觉和尺度感收敛的效果，待人们进入较大空间之后，就会有一种“豁然开朗”的感觉，这是先抑后扬的文学手法在园林设计之中的运用。扬州个园、何园，苏州拙政园，无锡寄畅园都注意到了这一手法的使用。

以拙政园为例，拙政园在院落的组合上舍弃了皇家园林的中轴线，打破了传统的对称格局，因地制宜，错落有致，疏密有间，追求诗文之意的舒展开合，起承转合，又寻求画意的远近高低，明暗虚实，这一切“虽由人作，宛自天开”，完全契合“师法自然”“天趣自然”“率意天成”的美学理论，使园林体现自然、淡泊、恬静、含蓄的艺术特色，并收到移步换景、小中见大的观赏效果。这是以景区为单位，按它们的方位铺设的流动而又连续的观赏线路，向人们展开了一个有头有尾的连续画面，把各种园林景色组织到统一协调的气氛之中，引导观众从头至尾、有条不紊地进行观赏。

如同看一出戏，有序幕，有发展，有高潮，是逐渐将美景推到游客的面前，无一览无余之直露，有含蓄变化之深邃。

2. 园林空间安排的基本原则——壶中天地

“壶中天地”来源于《后汉书》，说“市有老翁卖药，悬一壶于肆头，肆罢，辄跳入壶中，好事者和他并入”，见壶中“玉堂严丽，旨酒甘肴，盈衍其中”。这壶天自春，无非说园林小中见大，远害避世，表现出文化的隐逸之气。

从南北朝开始，士大夫开始建园林，在狭小的空间内表现出独有的趣味，以显示其造园技术的高超。中唐以后，“壶中天地”的境界已成为士人园林最普遍、最基本的艺术追求。白居易以诗歌记载这一原则，“未如席床前，方丈深盈尺。”“有意不在大，湛湛方丈余。”明清时期承继“壶中天地”格局，王世贞在自己的园中建“壶公楼”，潘允瑞《豫园记》载，在上海豫园入口处建一牌坊，叫作“人境壶天”。扬州个园有一匾“壶天自春”，其他“小盘谷”“小蓬壶”“小瀛洲”“小玲珑山馆”在园林中随处可见。

（四）中国园林的特点

1. 水道处理借鉴画理

中国的“智者乐水，仁者乐山”的伦理审美在园林中的表现即是对水与石的重视，故而有“地得水而柔，水得地而流”“水令人远，石令人古”等审美理趣。引水造园，在秦皇汉武时代就已经开始了。据记载，“始皇都长安，引渭水为池，筑为蓬、瀛”“汉武广开上林……穿昆明池象滇河，营建章、凤阙、神明、馺娑、渐台、泰液象海水周流方丈、瀛洲、蓬莱”。自秦皇汉武引水为池以来，历代园林无不重视水体在园林中的建设。正如《淮南子·本经训》曰：“凿汙池之深，肆畛崖之远。来溪谷之流，饰曲岸之际。积牒旋石，以纯修碕，抑減怒濑，以扬激波。”可见，水网发达，水体形态变幻迂曲，水中景物丰富，水景与山体、建筑的配搭巧妙，这一切都表明水体在园林审美中具备了组织庞大园林空间和无数自然、建筑景物的艺术功用。

像这样引水为池，又在池中造山的做法，为后世园林广为效法，发扬光大。南北朝时的士大夫园林，注重对山川景致、自然风光的赞赏，多利用现有山林，选择天然山水形胜之地稍加梳理整治，构筑修葺而造园。如历史上的金谷园、始宁别墅、辋川别墅、庐山草堂，都是如此。但是自"唐贞观、开元之间，公卿贵戚开馆列第于东都者，号为千有余邸"以来，历朝历代的宅第园林绝大多数都是修建在富贵繁华的通都大邑。要在远离天然形胜的都会建园，除了对园址的山水风物加以有效地利用以外，大量的山石、泉池、花木等自然景观都得靠人工的努力。于是，堆山叠石，掘地疏泉，莳养花木，就成为城市起山林的关键。于是"搜尽奇峰打草稿"，将自然山川微缩于园林之内，泉水与山石在园林艺术中发展到巧妙地融为一体的境界。在一个园林中把长江的三峡及其十二峰，洞庭湖及其众多支流，直到长江口的江山景物都形象地表现出来，而且波浪层叠，蝉联而下，真正是"一勺可见江湖万里"了。可见中国园林理水已达到了相当高超的艺术成就。

中国园林中之所以喜欢用水，是因为山是园林的骨骼，水泉是园林的血脉。要造好园林，疏水引泉是重要的。水给人以清新、明净的感受；给人一种亲切感，愿意与它接近；水势富于变化，兼具动静抑扬之美。水而随园林的大小及布局情况，或开阔舒展，或潆洄幽深，使空间延伸、变幻。当山石、植物与水的蔓延流动的神态结合在一起时，更觉得自然而富有生气；而水面五彩缤纷的倒影和跳动着的山泉、水瀑、浪花总敲打着人们的心弦，令人欢快，富于想象……因此，人愿意与水交往，园林建筑也愿意与水接近。

中国园林理水又分为集中理水和分散用水两种。即中小型庭园的水面常采用集中理水的方法处理，在庭园中常以不规则的水池为中心，沿水池四周环列布置建筑物，形成一面向中心的内聚格局，使有限的空间产生出密切、幽静、畅朗、水态丰盈的效果。

2. 山石堆叠深邃幽静

筑山是造园最重要的因素之一，中国的叠石艺术千变万化，是一种抽象的形式美，为他国所无，叠石艺术成熟于南方，尤其是江浙一带，特别是江苏，因江苏无山，因而刺激了园艺师以假乱真，以虚代实。江苏的造山艺术在明清之际已经趋于成熟，并开始普及和推广。成书于崇祯年间的《园冶》就曾以扬州园林为例，对假山的类型和造设进行了介绍，全面总结了明代的凿山技术。

苏州狮子林原为寺庙园林，元代天如禅师特邀著名画家倪瓒设计图样，后依倪瓒画就的《狮子林图卷》定下基调，该园在1公顷的园内以湖石叠砌的假山形成群狮盘峰的意境，素有“假山王国”之誉。

在北海静心斋，这里的假山采取了分峰造石的方法，根据不同的石材，堆叠出不同的山峰，用花卉和数目予以辅助，从而形成一处处个性鲜明的山景，并且多处山景汇于一园，相互映衬与比照，给人一种“一石则见太华千寻”的美感。未入园门，则见修石依门庭，筱竹悠悠，两旁花台石笋破，缕缕春光映红墙，绿竹漪漪满园栽，从而让人感受到园庭设计者的高风亮节。

3. 建筑灵秀精在体宜

“凡园圃立基，定厅堂为主。”园林本质上仍旧是一种人文建筑，因此其中每个部分和角落都应感受到建筑的美感。园林将建筑艺术与自然环境的构造联系了起来，使建筑融入自然，巧妙处理了形与神、景与情、意与境、虚与实、动与静、真与假、有限与无限、有法与无法的种种关系，从而使人能够通过建筑实现与自然的情感交流。因此，可以说园林艺术是建筑艺术的延伸与扩大，这一点与现代西方流行的为人而不是为物的建筑观念不谋而合。

（1）动观与静观的结合。一般来说，中国园林布局的基本材料是山、水和建筑。建筑在山水之中，既突出了山水景观的动态美感，又使人更加容易获得良好的观景体验。建筑的集中布置，使得自然空间更加开放、明朗，适宜游览观看，又使建筑空间封闭、曲折，适宜静卧观察。动与静，既形成一种对比，又形成一种衬托，避免了人的审美疲劳。

苏州留园是园林动静结合的典型例子。这一处清代园林，布局结构紧凑，装饰富丽堂皇，每一处都显示出了园林匠人的巧妙安排。从门厅到中部花园入口处，有一条50多米的小道，能够方便游客在动态中观察。一条过道上，先有小天井，用于采光、通风、漏水，天空的云朵、飞翔的小鸟给静态的建筑增添了生机，活气，天井后是轿厅，继而弯曲过道之后是两个蟹眼天井，种一些瘦竹，给昏暗的过道引些许亮光。然后又是天井，花台上种玉兰、桂树、石笋，暗寓金玉满堂之意。此时到了敞厅，这里大小、明暗、放收处理得恰到好处，点到人心。

而到了石林小院，则以石额点明“静中观”，因该院南北长仅29米，东西宽不过15米，不足500平方米的空间，园主居然将其隔成了6个小院，互相沟通，由于层次丰富，院外有院，景中有景，因此给人的感觉是院越隔越大，主建筑“揖峰轩”，红木菱花门窗上蝙蝠、金钱、万字图案精美，轩内有两桌，一桌围棋棋盘，一桌象棋棋盘，此地小桌子形同七巧盘，可分可拆，小方桌可院中拜月，亦可墙角放花盆、茶具。静坐轩中，静心观赏，胜境妙不可言，比如一奇石鹰斗猎狗峰，实际上是借用南面小亭的漏窗，构成对景、漏景、框景之法，使人在小的空间中不感壅塞，而觉开朗。

（2）大与小的结合。中国园林经常采用建筑以大化小的手法，建筑物被分为许多小的建筑群组，巧妙地点缀于院内山水结合的自然空间之中，从而创造出了院内丰富多彩的系列景观。圆明园之中有100多个景点，这里既有北方山林的雄伟，又有南方园林的幽静和巧妙，层层叠叠的假山和弯弯绕绕的曲折流水，与周围的小型建筑形成了一座座小型园林，可以说是园中有园、景中有景。每一处园景都有多般变化，各有妙处。人们徜徉其中，犹临仙境。

（3）虚与实的结合。虚实结合是中国审美观点的一个重要组成部分，这在中国园林建筑中有着非常深刻的体现。中国园林建筑借鉴中国画创作的技法，以山石、树木、水景为材料，构建出园林观赏的序曲、前奏、高潮与尾声，从而形成高低、虚实、抑扬的有机结合。

（4）主与从的结合。主从结合是艺术创作的一般规律，只有这样才能突出重点，避免平铺直叙带来的审美疲劳。园林创作也是这样，在大的自然风景区中，自然山水的骨架已为人们安排好了景观上的主次关系，园林规划与建筑布局的任务在于使主景更加突出、醒目，使次要的景观各得其所，主次之间彼此呼应、连贯，相得益彰而组成园林艺术的整体。在小范围内造园，为丰富景观效果，也要使景区有主有次，建筑物有主有从，以形成特色和重点。

（五）中国园林的文化传统

1. 崇尚自然

计成《园冶》中“虽由人作，宛自天开”的理论一直作为后来建园者的圭臬。中国园林中的精品无不是构园者通过遍游名山大川后，“搜尽奇峰打草稿”，缩龙成寸以后的再生。而崇尚自然不仅是对山水的原封不动地照搬照抄，而是提炼概括，加入源远流长的文化因素和造园者自己主观感情的再生。这就是“外师造化，中得心源”，是宋人所说“迹近自然”。而观赏者，尤其是大城市的游客，在长期的钢筋混凝土的森林中穿梭厌烦后，无不向往大自然，希望在自然山水中变换生活节律，获得身心的放松和愉悦。

我国古典园林属于写情自然山水型，即以客观存在之模山范水为蓝本，经过艺术的加工提炼，按照特定的艺术构想，“移天缩地”在有限的范围内，将水光山色、四时景象、贵贱僧俗等荟萃一处，“纳千顷之汪洋，收四时之烂漫”，以借景生情，托景言志，以情取景，情景交融，使人足不出户而领略多种风情，于潜移默化中受到大自然的陶冶和艺术的熏陶。

造园追求“三境”,生境——良好的生活环境;画境——景观如画,园林如诗如画,使人感到高雅、乐趣;意境——园林客观的境,与主人主观的意相结合,成为园主和造园者情感和理想的表露,有了个性风格特点。

2. “忧患”传统

儒家人生哲学认为,人生是艰难的,社会是复杂的,“穷则独善其身,达则兼济天下”,应以历代先贤、志士仁人为榜样,始终保持忧患意识,用坚韧不拔的毅力,锲而不舍的精神去积极进取。儒道哲学都具有深刻的忧患意识,应该通过“太上立德,其次立功,其次立言”的三不朽哲学弥补人“生而有涯”的缺憾。如苏州顾炎武故居、五人墓碑园、天平山等园林,都表现出浓厚的忧患意识。

3. “比德”现象

古代汉民族的类比思维,常见的主要在“天象”“地法”“人事”之间的类比,在该种思维中,有一种叫做“观物比德”,在上古运用十分普遍,《论语·庸也》中:“子曰:智者乐水,仁者乐山。智者动,仁者静。智者乐,仁者寿。”可知“水”是类比智者“动”“乐”之德的。比如开封的龙亭原来是宋代皇宫御苑的一部分。南边的潘杨湖,面积有25公顷。东边是潘家湖,湖水混浊。西边是杨家湖,湖水清澈。相传东边是宋初奸臣潘美的住宅,西边是忠臣杨业的住宅,一忠一奸,所以湖水清浊分明。这当然只是传说。其实这里原是宋金故宫,明周王府旧址,明末水淹,这里地势低洼,积水成湖,西湖水流畅通,所以清,东湖水源不足,排水不畅,所以混浊。

4. 重文传统

中国古典园林或文人所建,或主人延请文人为其增色,通过欣赏中创造的“文化”,诗词歌赋,书法绘画,楹联匾额,给园林山水增辉,而他们的文艺作品也与天地同寿。这是中国文人希望通过诗文书画展示自己的才华，抒发自己的情感，这情感既有积极入世，更多的是消极遁世，抒发名士的牢骚。这既是对黑暗的现实抗议，也是与“秋风催老梨花落”的无情时光的抗衡。

5. 尚古传统

珍惜自己民族的历史，宠爱先辈留下的遗迹，中华民族从古至今都重视传统文化的保护和传习。儒家以信而好古著称，孔子推崇周的礼乐制度，发出“郁郁乎文哉，吾从周”；道家也尚古，庄子就发出“旧国旧都，望之畅然”的感慨。

今人尚古，一是表现在对历史上的园林趋之若鹜，希望了解景观的来龙去脉，追本溯源，而当地的旅游工作者总是自豪地津津乐道，如数家珍般向游客介绍古代的一草一木、一房一石；二是表现在对现存的古典园林，责成政府部门保护，对兵燹战乱毁灭的历史园林要求原样恢复，如北京圆明园的恢复、故宫及御花园的大修；三是即使旅游开发中的仿古街、仿古城、仿古园、仿古楼乃至仿古旅游，尽量是将历史记载的园林具体化，使虚变实，使今若古，但群众仍愿意去观赏，折射出旅游者的尚古情节；四是对于古园林周围砌高楼，修索道，一片反对之声都是尚古意识的反映。

第二节　人文旅游景观

一、宗教文化旅游景观

（一）宗教的本质

宗教，从理论意义上讲是人们的意愿、想象、观念、情感；从实践意义上讲，是人们的举止、行为、操作、活动。从中国文化传统来看，宗教的观念是由“宗”“教”二字合并而成。汉语的“宗”

是指对祖先及神的尊崇和敬拜。“教”原初之意是指“上施下效”，用来表示人们“对神道的信仰”。

尽管中国学者对宗教的定义尚未取得一致意见，但对宗教体系的三种内容或宗教结构中的三个层次的划分不存疑义，即在整个宗教体系中，宗教的思想观念是其核心所在，处于最深的层次。处于中层的为宗教的崇拜行为和信仰活动。而处于最外层的则是宗教的组织与制度，它标志着宗教思想行为的规范化、程式化、机构化和制度化。这三个层次是理解宗教本质的关键所在。

目前，对于宗教的理解，比较简明、科学、通用的说法是：有一定的教义、教规，有一定的仪式和一定的组织系统的信神的社会“实体”。如佛教、道教、基督教和伊斯兰教等。它包括五大要素：

1. 对超人间力量的信仰

任何宗教都相信在现实世界以外存在着自然的神秘境界（天堂、地狱）和实体（神鬼、精灵等），主宰着自然和人类，因而对之敬畏和崇拜。

2. 宗教仪式

各种宗教都相信通过举行崇拜、祈祷、献祭等宗教仪式可以取悦于神灵，以赐福于人。因而，各种宗教都按照各自的信条和神话以及既已形成的传统和规矩来进行各种崇拜活动和法术活动。

3. 宗教组织和神职人员

信仰宗教的人都要加入一定的宗教组织。各组织都专门设有以侍奉神祇为职业的神职人员，负责组织、主持各种宗教活动。

4. 特殊的情感体验

即由于相应的信仰和仪式而产生的对神灵的崇拜、信赖、祈求、敬畏等感情和体验。

5. 道德规范

在各宗教的信条和神话体系中都加以阐释，如佛教的“五戒”、道教的“十戒”等。

以上所列诸要素中,对超自然的神灵和来世的信仰,是宗教的基本特征。无论什么宗教,都是对现实的幻想的反映,都离不开对上帝和永生的信仰。不同之处在于,基督教信仰的上帝是基督,伊斯兰教信仰的真主是安拉,佛教信仰的是佛等。

(二)宗教的发展阶段

从宗教产生、发展的历史过程来看,它大致经历了两个大的发展阶段。

1. 原始宗教阶段

这是在原始社会中出现的一种较低的宗教,有人称之为自然宗教,也有人称之为自发宗教。是原始人类在生产力和思维能力低下的情况下,与自然对立,并把自然力作为一种异己力量的产物。相信万物有灵,相信鬼魂不死,是原始宗教的思想基础。在这种思想基础上建立起来的宗教,是一种崇拜对象最为广泛的宗教,曾先后出现了多种宗教形式,主要有大自然崇拜、动物崇拜、植物崇拜、鬼魂崇拜、祖先崇拜、图腾崇拜、灵物崇拜和偶像崇拜等。归纳起来可分为两大类:一类是对自然力和自然物的崇拜,另一类是对精灵和鬼魂的崇拜。

2. 社会宗教阶段

这是原始宗教进入阶级社会后所演变成的宗教,是一种具有一定阶级特征的神学观念系统化和宗教组织严密化了的宗教。它的出现要具备三个条件,即阶级的出现、社会分工的出现及人类抽象思维能力的发展。社会分工的出现,使一种穿特殊服装的教阶僧侣集团从社会中分化出来并固定下来,成为一种专司宗教事务的人员,这对宗教神学的系统化、理论化和宗教活动的复杂化、规范化,以及宗教组织的严密化和教阶化,都起到了极其重要的作用。具有一支独立的宗教专业人员,即僧侣教阶集团,是社会宗教所具有的鲜明特征。人类思维能力的发展,是社会宗教产生的基础条件。原始人只有具体概念而没有抽象的一般概念,因而原始宗教观念的幻想具有直观的狭隘性。随着人类的思维能力的发展,宗教思想理论化、神的一元化和自然神的社会化便有了可能。而阶级的出现,使得天堂的神也有了等级,进而又形成了教阶。整套神阶和教阶以及最高神的出现,标志着原始宗教诸神灵的分化、演变过程已基本完成,社会宗教终于诞生。世界上隶属社会宗教范畴的宗教有很多种,其中世界性的三大宗教即基督教、伊斯兰教、佛教流传最广,影响最大。在我国历史上除这三大宗教影响很大外,道教的影响也很突出。

(三)基督教的文化要义

基督教,是信奉耶稣基督为救世主,以新、旧约全书为经典的各教派的统称。它大约产生于公元1世纪,至今已有近两千年的历史。在它的历史上曾经出现过两次大的分裂,出现了天主教、东正教、基督教新教三大派别。

它的教徒分布于世界各地,主要集中在欧洲、南北美洲和非洲。

基督教的经典为《圣经》,包括《旧约全书》和《新约全书》。所谓约书,是上帝与人订立的盟约。旧约原来是犹太教的经典,为基督教全部接受并根据基督教观点作出解释,共39卷,主要叙述世界和人类的起源以及法典、教义、格言等。新约为基督教特有的圣经,共27卷,为基督教各派所共同接受,侧重于叙述耶稣言行和基督教的早期发展。基督教认为,新、旧约圣经全部都是由上帝默示写成,是上帝的启示,具有最高权威,是基督教信仰的依据,为宣传教义和教徒行为的标准。

(四)基本教义

基督教的各项教义皆以圣经和教会传统为依据,其基本教义

和信条是:

(1)信仰上帝。基督教认为上帝是天地的主宰,是天地万物的唯一创造者。上帝是至高无上、全知全能、无所不在的天主真神。上帝本体具有“圣父”“圣子”“圣灵”三个位格,三位一体,同受敬拜,同受尊荣。

(2)信始祖原罪。基督教认为人类始祖亚当和夏娃因违反上帝禁令,偷吃“知善恶树上的禁果”,犯下了“原罪”,所以后世的人一出生就已是罪人,世上一切罪恶和苦难都源于此。

(3)信基督救赎。基督教认为世界上的人是无法自己解救自己的,因此上帝就专门派圣子耶稣降临人世间,通过童贞女玛利亚而取肉身成人。基督为赎世人之罪,甘愿自己受难,用自己的血来洗刷世人的罪过。所以世人若想赎罪,拯救自己的灵魂,就得信仰上帝,祈求基督保佑。

(4)灵魂不灭、末日审判。基督教认为人死后灵魂还是永存的,但终究有一天现世将最后终结,所有的世人都逃脱不了上帝的审判(即末日审判),得救者上天堂享受永福,不得救者要下地狱遭受永刑。

(五)宗教仪式与主要节日

宗教仪式也叫圣事,主要有七种。

(1)洗礼。这是成为基督教信徒的庄严仪式,具有赦免入教者的“原罪”和“本罪”的作用。

(2)坚振。指教徒对其信仰的确认,象征着信仰上的成熟。

(3)告解,即忏悔,指教徒单独向神职人员表白自己的罪行或过错,并表示改悔之意。神职人员为其保密,并对其进行劝导。

(4)终傅。是基督教徒临死前由神职人员为其擦一种含有香液的橄榄油,并诵念一段祈祷经文,以此赦免其一生罪过。

(5)圣体血。意为“感谢祭”。天主教称“圣体”(仪式称“弥撒”),东正教称“圣体血”,新教则称之为“圣餐”。主礼人对面饼和葡萄酒进行祝祷。据说它们变成了耶稣的肉和血。领受了耶稣的圣体和圣血,因而也就分享了救世主的生命。

(6)神品。即天主教会按立神职人员的仪式。

(7)婚配。指教堂为教徒举行的宗教性结婚仪式。

基督教最重要的节日有圣诞节、复活节和降临节。圣诞节,教会规定每年12月25日,作为纪念耶稣基督诞辰的节日。在这一天里,教徒家要植圣诞树,扮圣诞老人,给儿童赠送礼物,亲友互送贺礼。复活节,是纪念耶稣复活的节日,规定在每年春分月圆的第一个星期日举行。到时,各教堂灯火辉煌,乐声悠扬,教徒齐做弥撒。晚上,教徒各家守节聚餐,向上帝做祷告。降临节,是为迎接耶稣诞生和将来复活而定的节日,即从圣诞节前第四个星期日开始到圣诞节为止。

(四)伊斯兰教的文化要义

伊斯兰义为"顺服",指顺服唯一的神安拉的旨意,教徒称"穆斯林",意为"归信者"。伊斯兰教在中国称"回教""清真教""天方教"。

伊斯兰教创立较晚,产生于7世纪初的阿拉伯半岛,但发展较快,为世界第二大宗教。据不完全统计,现在全世界共有伊斯兰教徒11.26亿人,占世界总人口的18%,分布于172个国家和地区,而以西亚、北非、东南亚等地为最多。传入中国时是在唐朝,信徒遍及甘肃、宁夏、新疆、青海等西北省区,有回、维吾尔、哈萨克、塔吉尔等十个民族的绝大多数居民信仰它,共有1000多万人。

伊斯兰教的基本教义都是通过《古兰经》予以固定下来的。《古兰经》是其重要经典。"古兰"是阿拉伯文,意为"诵读"或"读本"。是由穆罕默德在传教活动中,根据当时的实际情况,动用他掌握的宗教知识,以安拉"启示"的名义,陆续发表的有关宗教和社会主张的言论,共30卷,114章。大致包括四个方面内容:一为穆罕默德的生平及其传教活动;二为伊斯兰教的教义说教;三为伊斯兰教的宗教制度和社会主张;四为历史故事、寓言和神话。

伊斯兰教的教义由三部分组成:伊玛尼、仪巴达特、伊赫桑。

1. 伊玛尼

(1)笃信安拉。相信安拉是全知全能、主宰一切、创造万物、大仁大慈、洞察一切、无可匹敌的。

(2)信天使。相信天使隶属于安拉,是安拉的忠诚使者和人类的朋友,是善神。它们遍布于天上人间,根据安拉的旨意,各司其职,人们的一言一行都受到天使的监视。

(3)信使者。使者,是安拉派到人间来拯救世人的代理人,他既是人间治世安民的伟大先知,也是安拉真主的奴仆。因而,服从安拉的人应该无条件地服从使者。《古兰经》中提到的使者有 24 位,穆罕默德地位最高,称“至圣”,是一位集大成的使者。

(4)信经典。《古兰经》是伊斯兰教的根本大典,也是人们道德规范、立法、思想学说的依据和基础。信徒们必须无条件信仰它。

(5)信后世。即相信后世报应。认为人死后,其“灵魂不死”,“死后复活”,人死后要受“末日审判”。因此,生前行善者可进天堂,恶者将下地狱受苦难,并永世不得翻身。

(6)信前定。伊斯兰教认为人生的一切都是由真主预定的,谁也无法改变,承认和顺从真主的安排才是唯一出路。但是人类仍然有支配自己行为的充分自由,前定属于真主,自由属于人类。

2. 仪巴达特

伊斯兰教十分强调严守功课,以此来表达对真主的诚心。它规定了五项最基本的功课,即念功、礼功、斋功、课功、朝功。

(1)念功。要教徒经常口诵“万物非主,唯有真主,穆罕默德是真主的使者”这句话,以此来对自己的信仰进行公开的表白或“做证”。

(2)礼功。即礼拜。要求信徒每日应向麦加方向安拉所在地祷告五次,分别在破晓时、中午、下午、日落后及入夜后,以便清除邪念和疑虑，清洁身体，保持心灵的纯洁。每星期五午后还集中到清真寺内做一次集体礼，称为“聚礼”。每年的开斋节和宰牲节也要做节日礼拜。礼拜期间，按规定要沐浴净身，净身分大净和小净。大净洗全身，小净则只洗手、足、脸，摸头等。

（3）斋功。伊斯兰教规定，每年必须封斋一个月，伊斯兰教历的九月是“斋月”。斋月中，每天黎明前到日落，不许吃喝、行房事和干其他非礼事情，日落后开斋。病人、孕乳期妇女和幼儿可不守斋。

（4）课功。这是伊斯兰教以神的名义征收的一种课税。教徒们要根据自己所拥有的财产多少交税。

（5）朝功。即朝觐，指定期到“圣地”麦加的克尔白寺庙举行大型礼拜仪式。伊斯兰教规定，凡身体健康、备有路费和旅途方便的教徒一生中都要去麦加朝觐一次。

3. 伊赫桑

即善行，指穆斯林必须遵守的道德规范。

4. 主要节日

伊斯兰教的主要节日有三个：开斋节、古尔邦节和圣纪节。

开斋节。希吉拉历（即伊斯兰历）九月为斋月，十月一日开斋，称开斋节。持续 3 ～ 4 天。我国新疆地区称“肉孜节”。伊斯兰教历十月一日清晨，当星星还未落下时，人们就穿衣起床，洗脸、洗脚和净身。然后男人们涌向礼拜寺（按照伊斯兰教的规定，妇女是不允许进礼拜寺做礼拜的），妇女们在家铺好方毯开始做礼拜。一遍经文念过，宣告斋月结束的炮声、钟声一起响起来。人们换上节日盛装，欣喜若狂地喊着“开斋了！”涌向街头，在欢乐的气氛中走亲访友，接受阿訇和亲人的祝福，庆祝大家终于度过了难熬的斋月。

古尔邦节，又称宰牲节或忠孝节，时间是希吉拉历十二月十日。是为了纪念伊斯兰教先知易卜拉欣不惜杀子以示对安拉忠诚，安拉感动，送羊代替的传奇故事。在节日前夕，所有的穆斯林都要沐浴打扫,家庭主妇忙着精制各种点心。节日当天,随着教堂里《古兰经》的播放,男女老少早早起身。洗浴以后穿上洁净的衣服,先朝西方做礼拜。然后人人动手,把房间庭院洒扫干净,把食品摆放好。吃过早点后,人们开始走亲访友、互赠贺礼、互相问好。节日期间,虔诚的穆斯林们还要在阿訇带领下到清真寺去参加会礼,集体观看宰牲仪式。仪式结束之后,人们就以家为单位集中,开始吃丰盛的饭食。就这样一连几天宰牲吃喝、唱歌跳舞,欢度佳节。

圣纪节。是纪念穆罕默德诞辰的节日,时间是希吉拉历三月十二日。这天穆斯林们要诵经、赞圣、讲述穆罕默德的生平事迹。

(五)佛教的文化要义

佛教起源于公元前6世纪至前5世纪的印度,是迦毗罗卫国的王太子乔达摩·悉达多创立,至今已有2500多年的历史。它在亚洲十分盛行,特别是东南亚许多国家,普遍把佛教奉为国教。它分北传、南传两种。北传佛教为大乘佛教,流行于印度、中国、日本、朝鲜、越南等国。南传佛教为小乘佛教,主要流行于斯里兰卡、缅甸、泰国、老挝、马来西亚等国。近年来佛教不断推向欧美各国,目前世界上的佛教徒有3亿多人,占世界总人口的6%,分布在世界86个国家和地区。

佛教的基本教义是逐渐形成的,其核心是宣说人生的道路充满着很多的苦,而只有信佛才能找到离苦得乐的方法。其主要理论有"四圣谛""八正道""三法印""十二因缘观"和"三世因果""六道轮回"等学说。

四圣谛:指苦、集、灭、道四法。它是佛教的基础,也是佛法的中心思想。佛教认为世界充满了痛苦和烦恼,人生有八苦,即生、老、病、死、爱别离(极愿在一起的又不得不离开)、怨憎会(本不愿在一起,却又必须在一起)、求不得苦(苦苦求索,却不得手)、五阴炽盛(即"色"——物质现象、"受"——感受、"想"——观念、"行"——意志、"识"——意识这五个方面聚集到一起所造成的一切身心痛苦),可谓“苦海无边”。而这八苦来源于人本身感官带来的“五欲”(即色、香、声、味、触)。而要消除痛苦,就要断绝“五欲”。道谛就为人们指出了脱离苦海的道路。

八正道:即正见、正思维、正语、正业、正命、正精进、正念、正定。也就是教育佛家弟子如何照佛的教义去认识、思考、说话、行动……它能令众生苦集永尽,达到涅槃境界。八正道又可归纳于戒定慧三学,这三学是佛门修行者必经的途径。

三法印:佛教将其基本思想概括为“三法印”(印是指标准)。一为“诸行无常”,讲世界万事生灭变化、不属永恒。二为“诸法无我”,即客体世界绝不存有一个主宰者(法无我),主体之人也不存在一个起主宰作用的灵魂(人无我),这就是不少人认为佛教乃无神之宗教的原因。三为“涅槃寂静”,讲人生的目的乃追求一种绝对寂静、神秘莫测的精神状态,借此摆脱外在之物和主观之感。因而这些思想便构成其一切皆空、绝对之无的说教。

十二因缘观:以三法印为基础,说明宇宙人生的缘起,主要解释造成人生痛苦的原因。它把人生划分为彼此联系、互为条件、互为因果的十二个环节,即无明、行、识、名色、六处、触、受、爱、取、有、生、老死。其中心思想是人生的痛苦由无明即愚昧无知引起,因而只有消除无明,才能获得解脱。

三世因果、六道轮回:三世即前世、今世和来世。“因果”也就是“因缘果报”。“六道”即地狱道、饿鬼道、畜生道、人道、阿修罗道、天道。佛教认为,现实中的贫富不均、社会不公、阶级差别等都是人们前世造成的结果;今生的善恶行为,必然导致来生的祸福报应并决定生存于宇宙六道中的哪一道上。

佛教的经典最丰富。我国最早的译经相传为迦叶摩腾、竺法兰译的《四十二章经》,被我国称为《三藏经典》,是佛教经典总集,三藏即“经藏”(佛经)、“律藏”(戒律)、“论藏”(对经文的解释)。

（六）道教的文化要义

道教是我国本土的宗教，鲁迅曾言“中国根底全在道教”，可见其对中国传统文化的影响。它基于道家（老子、庄子等）的哲学思想，其信仰的核心即“万象以之生，五行以之成”的“道”。道家思想中这一被尊为“天地之始”“万物之母”的“道”之神秘本体进而被玄奥化，结合中国古代的巫术及神仙方术，遂形成了道教的信仰体系。

东汉顺帝时（公元125—144），四川大邑鹤鸣山中隐士张道陵自称天师，治病传教，开始形成道教；因入其教须交五斗米，故有“五斗米道”之称。此后，巨鹿人张角以黄老道为基础，奉《太平清领书》为主要经典，又创立了“太平道”。二道的创立，标志着作为宗教形态的道教已经诞生。自唐代以后，道教曾远渡重洋，流传于朝鲜、日本和东南亚一带。道教经籍也远传欧美，影响深远。

道教是奉先秦道派创始人李耳（老子）为教祖，将他的《老子》（《道德真经》）作为主要经典，并奉众多神仙，以中国古代民间庞杂的信仰为基础，以神仙之说为中心，混合道家、阴阳、五行、巫术以及儒教等内容而形成的宗教。

1.道教的基本教义

主要有四个方面。第一是它的宗教思想，认为宇宙万物是由“道”所化生的，演变为“洪元”“混元”“太初”三个不同的世纪，然后又把这三个世纪人格化为三清尊神，作为道教尊奉的最高神。元始天尊，手持圆珠，象征洪元；灵宝天尊，怀抱太极图，象征混元；道德天尊，手持羽扇，象征太初。第二是方术，包括卜巫、占星、医术、祈祷、咒术、神符、驱鬼、祭祀等仪式。第三是长生不老术，它包括辟谷、服饵、调息、导引、房中等五个方面。第四是道教的伦理思想，主要体现在两个方面：一是“积功德”；二是“不犯戒”。道教重视功德，把它定为长生、成地仙、成天仙的必经途径。道教的戒律很多,且十分严格,《仙道十戒》《老君二十七戒》《老君说百八十戒》等,规定得十分详细。

2. 道教的基本信仰

道教的基本信仰为“道”。“道”是“虚无之系,造化之根,神明之本,天地之无”,“道”生宇宙,宇宙生出元气,元气构成天地、阴阳、四时,由此而生万物。

神仙说是道教的基本观念,它鼓吹“道”可以“因修而得”,一旦得道,则可以长生不老,并可成仙。千百年来,神仙说作为道教的重要标志在中国已经深入人心。

道教的主要教规是“三皈五戒”。三皈即皈道、皈经、皈师。五戒为:一不杀生,二不偷盗,三不邪淫,四不妄语,五不酒肉。除此之外,还有“八戒”“十戒”等,戒条可多达1200多条。凡出家的道士,都要受戒。

道教是中国土生土长的宗教,它与佛教、伊斯兰教、基督教一个重要区别是:它不是一神教,而是多神教。所崇奉的神仙,不仅有一教的开山祖师,而且有我国上古传说中的各种神灵,不仅有与人们的生死祸福、日常生活息息相关的天、地、日、月、星、辰、山、川等各种俗神,而且有历代圣贤及得道成仙的传说中的人物。据有关专家统计,见于著录的道教神仙当在1000名左右。在庞大的道教神仙体系中,有十几位神仙在道教中占有崇高地位,习惯上称他们为道教尊神,包括“三清”,即居玉清境的元始天尊、居上清境的灵宝天尊、居太清境的道德天尊。

3. 道教的节日

节日多为纪念其神仙、祖师的诞辰,其传统纪念日主要有老君圣诞、玉皇圣诞、吕祖诞辰等。其中老君圣诞即道教教主老子诞生日。相传老子生于殷武丁九年二月十五日,所以道教常于此日作道场,诵《道德真经》,以示纪念。玉皇圣诞是道教所奉的玉皇大帝的诞生日,相传为丙午岁正月九日,后世道观就在这一天进行祭祀。吕祖诞辰即吕洞宾的生日,传说唐德宗贞元十四年

(798)四月十四日巳时天降白鹤,洞宾诞生,道教于是常在此日办斋醮来纪念。此外,道教还于夏历三月三日举行盛会,纪念西王母诞辰时宴请诸仙的蟠桃盛会,故有“蟠桃会”之称。此外,三月十五日为张天师圣诞,十一月冬至日为元始天尊圣诞,十二月二十二日为王重阳圣诞。

二、民俗文化旅游景观

现实生活中,每个人都处在民间文化的汪洋大海中。人的一生时时处处都受到民俗文化的影响。吃饭、穿衣、睡觉、抽烟、喝酒、饮茶、待人接物、为官为民、各行各业、说话行事、消闲解闷、居家旅行、婚丧嫁娶、生老病死……生活的方方面面都有它的存在。而传承于民间的大部分民俗文化活动,尤其是节日民俗文化,对国内外旅游者有很强的吸引力。因而,民俗文化在旅游业中具有很大的影响,是旅游文化的重要组成部分。

(一)生产民俗

生产民俗又称为经济民俗,大体上有四种形态,即狩猎民俗、捕捞民俗、畜牧民俗、农耕民俗。此外,山林、采集、工匠、园艺、经商交易等方面也包括在内。

1.种植与养殖民俗

种植民俗大体有南方稻作风俗、北方旱地农作风俗和植树造林的山林风俗几大类。养殖民俗主要指禽畜的饲养,包括养蚕。因种类繁多,本书只择其要加以简述。

中国南方以种植水稻为主,浙江省余姚市河姆渡文化遗址发掘说明,距今7000年前人们已开始在这里种植水稻。在漫长的水稻耕作历史长河中,形成了独特的稻作文化习俗,如立春习俗。由于种植与季节有着密切的关系,春天来临,预示着耕种季节的到来,立春便成了一个隆重的民俗节日。我国从先秦开始,就有立春“出土牛”之俗，后来历代相传，在立春时有“鞭春”（又叫“打春”，即立春鞭牛）习俗。在浙江蚕乡，有关养蚕的习俗一年四季都不断。如节日岁时“点蚕花灯”，除夕之夜“点蚕花火”到天明，正月十五“烧田蚕”，清明前有盛大的“祭田蚕”祭祀仪式，清明有游含山“轧蚕花”的盛大而丰富的习俗活动，端午节有“谢蚕花”，生礼、寿礼、婚礼、丧礼都有关于蚕花的风俗。至今清明游含山踏青祭蚕神以祈蚕丰产的民俗活动，已成为一项民俗旅游活动。

2. 猎获与采集习俗

猎获习俗指狩猎与捕获的生产民俗。由于各地的自然条件不同，形成了各地、各民族不同类型的狩猎习俗。东北有猎熊的习俗，至今在东北达斡尔族、鄂温克族、满族、鄂伦春族中还流传着古老的猎熊歌舞。猎物的分配一般保留着“上山赶肉，见者有份”的原始俗规。狩猎民俗中有浓重的信仰气息。如湖南中部地区猎人都信仰猎神——梅山神，猎手上山狩猎前，要用猪头、雄鸡、斋粑虔诚祭祀以求保佑。捕捞风俗也是千姿百态，例如东海渔民出海日逢双不逢单。旧俗每次出海要祭祀海神，或演戏敬龙王，然后请菩萨下船。新船出海要烧一锅开水，泡上银元，俗称“银汤”，用于浇淋船眼睛（船头两侧装有木制船眼），俗称“开船目”，然后淋船头、舷、舵、橹，以求吉利。

采集习俗指采药、采桑、采野果野茶等习俗。东北就有很浓厚的采人参风俗。例如讲究做梦，倘梦见死人、出殡、白胡子老头、穿红绿衣裤的姑娘，都认为是吉兆。

3. 工匠与坊作民俗

民间传统的工匠号称72行，行行都有自己的风俗习惯，但各行有一个共同的民俗，即对祖师爷的崇拜。例如，木石匠——鲁班，泥漆匠——鲁班妻，陶瓷业——范蠡，铁匠——李老君，酿酒业——杜康，造纸业——蔡伦，制笔业——蒙恬，织布业——黄道婆，茶叶行——陆羽，等等。各行尊这些祖师爷为本行的保护神，每年都要定期进行祭祀，祈求保佑行业兴旺、财源茂盛。

千百年来，民间工匠的技艺均以拜师和收徒的方式传承。拜师要设香案，先拜祖师爷，再拜师父，然后参见众师兄，还要请行会的人到场做证，书写“师徒契约”。一般规定学徒期三年，没有工钱。拜师后，应备酒席请师傅、师叔、师兄等，谓之“进师酒”。学徒满师要办“满师酒”，祭祀祖师后，宴请各位工匠、至亲好友，并置礼谢师，师傅赠送工具作为回礼。

4. 商业民俗

商业民俗包括取店名、挂幌子、做广告、赶集市、办行会、供财神及种种店忌等，例如，民间取店名有一个俗规，即按行业特色归类，如茶坊、酒肆一般称“居”“楼”；书坊、茶馆一般用“斋”“阁”；药店爱用“堂”；浴室多用“池”“泉”；批发行、旅店多用“栈”；等等。近现代，除传统的俗规还在流行外，已出现了众多的时髦店名。并且，取名要用吉祥字眼，图吉利。有人曾将店铺字号的吉利字汇成一首七律诗：顺裕兴隆瑞永昌，元亨万利复丰祥。泰和茂盛同乾德，谦吉公仁协鼎光。聚益中通全信义，久恒大美庆安康。新春正合生成广，润发洪源厚福长。

民间交易有集市和庙会。集市一般都有规定日期，因地而异，各有集期，俗称“市日”或“会市”。集上行市林立，百货汇集，交易鼎盛。庙会，起源于古代的社祭，一般设在寺庙所在地或附近，是祭神、游乐、贸易“三合一”的传统方式。各地庙会因地易俗，在百货交易中比较突出吃与玩的货品，因庙会明显带有游乐性质。庙会是各种民俗的大会合，对中外游客具有很大的吸引力。

（二）生活民俗

生活民俗包括吃、穿、住、行、医及游艺等方面。

1. 饮食风俗

中国民俗饮食用料极为广泛，杂食性强，品种丰富为世界所少有。例如主食，南方以大米、玉米为主食，辅以麦面、番薯等杂粮；北方以麦面为主食，辅以高粱、玉米、小米等杂粮；西北有小米、糜子、土豆；少数民族则各具特色，如有以牛、羊、马肉及奶制品为主食的，或以兽肉为主食的。中国的饮食制作，十分讲究整体效果，丰富而和谐，如讲究色、香、味、形甚至声俱全，讲究五味调和，做到咸、苦、酸、辛、甘的适中平衡。为了达到调和配合，数千年来形成了炒、爆、炸、熘、烹、煎、蒸、炖、贴、酿、烧、焖、煨、焗、扒、烩、烤、熏、汆、煮、拌、拔丝、蜜汁、糖水、火锅等多种食肴烹调法，并形成了地方菜系，主要有鲁菜、川菜、粤菜、苏菜、徽菜、湘菜、浙菜、闽菜等菜系。经过历史长期的积淀，饮食民俗形成了各种惯制。例如，在日常生活中，以汉族为例，南方多为一日三餐，北方一些地方在农闲时一日两餐，农忙时节则一日四餐，在早、中、晚餐之外，下午加一次点心。节日一般都伴有较为固定的带有浓厚地方特色和民族特色的习俗食品。如年糕、春饼(卷)、水饺、元宵(汤圆)、粽子、月饼、重阳糕、乌米饭、腊八粥、塌饼、抓饭、酥油茶等。在人生的种种礼仪中，各地各民族也有相应的饮食习俗惯制。如庆寿，要食用寿糕、寿面；婚礼上要饮交杯酒。葬礼上，汉族不少地方要吃“豆腐饭”。信仰上的饮食惯制则大多表现在供奉祭祀用及人们所享用的食品上。如祭灶用的麦芽糖，清明祭坟的清明果，端午的雄黄酒，七夕的巧果等。此外，中华民族还有独特的酒俗与茶俗。国人四时八节、红白喜事、往来应酬“无酒不动”。拿中国黄酒酒乡绍兴来说，饮酒的名目五花八门：生孩子要吃三朝酒、剃头酒、周岁酒；结婚要吃喜酒、会亲酒、回门酒；岁时年节要吃团圆酒、元宵酒、端午酒、七月半酒、中秋酒、夏至酒、重阳酒；其他还有吃插秧酒、利市酒、开业酒、分红酒、接风酒、饯行酒的。在绍兴酒乡还有酿制“女儿酒”的趣俗，每当生儿育女之时就着手酿制，将酿成的酒藏于泥中，或置于地窖，或打入夹墙内，待孩子成长，女儿出嫁时，开坛请客饮用。饮茶讲究茶、水、火、具，其中的习俗奥妙无穷，难以尽说。一般南方人喜饮绿茶和红茶，北方人爱饮花茶，华南地区多饮乌龙茶，西南地区尚饮沱茶，蒙古族、满族、哈萨克族等饮奶茶，藏族饮酥油茶等。茶馆遍布南北，尤以江浙、两广、四川为多，与小食品、点心相结合，并招揽说书、评弹等说唱艺人,发展成独特的地方饮茶风情。

2. 服饰民俗

有依据性别年龄形成的服饰习俗,如中国历代的衣服开襟纽扣是男左女右,与传统的男尊女卑观念有关,即左为上,为阳为尊,右为下,为阴为卑。因季节不同形成的服饰民俗,根据四季气候的变化,现在一般分成单、夹、棉、皮,以相区别;因用途不同形成的专用服饰民俗,如各种礼仪场合下均有专用的特种民俗服饰。不少民族的小孩举行成年冠礼时都有一定的冠服。另外,职业不同、地位不等也形成不同的服饰民俗。

不同的民族按自己的民族生活和文化传统形成了各异的审美标准和服饰惯例,显示出鲜明的特色,是服饰民俗中表现得最为突出和充分的部分,也是民俗旅游开发的宝藏所在。例如苗族妇女穿大领对襟短衣和长短不同的百褶裙,在裙、裤和鞋上都有著名的苗绣——花鸟虫鱼,别具一格。景颇族女子穿黑色圆领对襟衣,下穿色艳并饰以花纹的筒裙,上衣较短窄,多用银币制成的纽扣。赫哲族妇女穿鱼皮制成的服装,风格淳朴,其式样似旗袍,但下身和底摆较宽,呈扇形,喜欢缝有野花或各色鹿皮剪好的云纹或动物图案,还有的在衣服边上并排缝上海贝、铜钱等。蒙古族喜穿马靴,妇女喜用黑布做的辫套,上绣图案或缀以银质圆牌首饰,还爱在袍的右上襟扣子上佩挂一种空心小夹子,不仅用来装饰,也用来当针线包、香袋,或做爱情的信物。侗族妇女戴的银饰品种繁多,盛装姑娘佩戴的银饰以多为美、以重为美,大的银项圈,从颈脖挂到腰部,有四五公斤重。

3. 居住民俗

中国传统民居因构造、功用、规格、造型、工艺、信仰等不同而具有鲜明的民族和地方特色。例如民居的构造,一类是"窑洞""地窨子"等形式。主要运用挖窟的办法来修造,形成拱形洞顶,以防崩塌,陕北、晋北的许多地方窑洞即为这种类型。东北的"地窨子"略有不同,大都半在地下,半在地上,取其暖和而潮润。这是因袭先民“穴”居古俗,受客观条件影响形成的。一类是移动性住屋,这是由移动性和临时性生产需要决定的,主要有北方牧民的帐幕,如蒙古包。有的地方的渔民祖辈以船为家,船是生产与居住的两用船,被称为“连家船”“居家船”,也可称为流动性住屋。另一类是最普遍的上栋下宇干栏式建筑民居,有天花板、地板和四壁,形成一个固定的生活空间。

4. 交通民俗

交通民俗主要是讲风情和风韵都富有乡土味的交通工具。自古以来,我国就造出了各式牛马车。农村的独轮车、爬犁,城镇的黄包车等,都具有民俗风味。民间的乌篷船、桦皮船、牛皮船、羊皮筏、猪槽船、泥土船等,也别有风味。例如浙江绍兴的乌篷船,用竹篾编的乌篷,中间衬有箬竹叶,冬暖夏凉,因外面涂黑漆而得名。有种用双脚推动桨板前进的乌篷船,叫“脚划船”,也很有特色。过去,民间还流行轿子,轿子有官轿、民轿之别。民间流行的花轿是供婚娶时接新娘用的,又称“喜轿”。四川有一种“滑竿”,用两根竹竿绑上一个座椅,加上一个踏脚即成,由前后二人抬,抬竿人称“云抬师”,配合默契,在蜿蜒狭窄的道路上也能行走飞快而稳当。

5. 器用民俗

传统生产工具和日常生活用品称器用。例如,俗称“文房四宝”的笔墨纸砚和筷子、算盘、扇子等。与器用相关的民间工艺美术品,是民众集体智慧和审美观念创造出来的,具有强烈的地域和民族色彩。例如,绣品,著名的有湘绣、苏绣、京绣、粤绣等。画,有羽毛画、竹编画、铁画、剪贴画、纸织画、软木画、枯叶画及各地著名的木版年画。塑,有泥塑、面塑、纸塑、蜡塑、陶塑、油泥塑、泥人张彩塑。编,有草编、柳编、瓷胎竹编、棕编、蒲葵编等。其他如绢花、纸花、花边、挑花、窗花、装裱、壁挂、蜡染布、景泰蓝、粉彩瓷、青花瓷、薄胎瓷、脱胎漆等,无以数计,都蕴含独特的民俗韵味,傲首于世界。

6. 娱乐民俗

娱乐指民间传统的各种游艺竞技文化娱乐活动。中国的娱乐形式千姿百态,流行广泛,富有浓烈的乡土色彩。

娱乐活动一般有一定的季节性和节日性,有些活动含有竞技性特点。季节性如春游赏梅、放风筝,初夏“斗百草”,秋天斗蟋蟀,重阳登高游,冬季踢毽子、抽陀螺、滑冰等。节日性,如春节舞龙、元宵花灯、端午龙舟竞渡等。竞技性,如斗鸡、斗蟋蟀、斗牛、赛马、下棋、赛龙舟等。

7. 礼仪民俗

礼仪民俗指的是为表敬意或表隆重而举行的一定的仪式。这里所说的礼仪民俗主要指个人生活的礼仪和社会交往中的礼节。人类生活中普遍遵循的人生礼仪有诞生礼、成年礼、寿礼、婚礼、丧礼等。

(1)诞生礼民俗。包括诞生前的求子、胎教、催生和诞生后的“洗三”“满月酒”“抓周”和命名等。例如“抓周”,在婴儿一周岁之际,用一盘子或一锦席,将弓箭、玩具、文房四宝、秤尺刀剪、升斗算子、女工针线、珍宝等,放在小孩面前,由他自由抓放,看他抓着什么,以此预测他未来的一生和前途。这是一种带有占卜性的风俗。

(2)成年礼民俗。古时,冠礼仪式十分隆重,后来逐渐淡化,但有些地方也有遗存。如现代上海郊区的某些地方有“庆号”的成年礼,男青年18岁后,自行联合,更乳名,命大名,举行庆会宣布,以示成年。近年来,有的地方开始举行新式成年仪式,不失为一种很好的成年教育形式。少数民族中有的还颇为流行成年礼,如彝族的换裙礼,瑶族的包头帕,朝鲜族的三加礼,藏族的挽髻,高山族的拔牙等。

(3)寿礼民俗。汉族风行做寿,以50岁为界,之前为贺生,之后为做寿。寿礼有寿面、寿桃、寿幛、寿轴、寿联、寿糕、红烛之类。礼品上置“福、禄、寿”等字样,或放一把用红头绳扎好的万年青、松柏枝条祈吉祥。寿桃在民间被看作仙桃，寓长生不老；寿面，以其绵长寓长寿；糕寓寿高；万年青、松柏寄托长青不衰。寿轴多是“松鹤图”“福禄寿三星图”“百寿图”。寿联多写“寿比南山，福如东海”。

少数民族的祝寿方式各有特色。侗族流行添粮祝寿的习俗。是日，亲朋组成“卖粮队”将筹备的粮食装箩送往祝寿人家。主家迎进并将粮食盛放于簸箕上，让众人围箕而坐。寿星前放一口袋，长幼为序，每人从簸箕中抓三把粮食投入寿星口袋中，并念唱“添粮增寿”“添寿增福”等吉语。之后，主家设酒宴款待亲朋。这是说人到老年，若不为他添粮，原来的份粮不足以维持他健康长寿。

第三章 旅游景观的开发与保护

旅游景观开发要围绕一定的主题，“主题”是旅游景观开发的理念核心。合理的主题定位可以充分发挥景观资源优势，广泛吸引客源。旅游景观保护既是旅游景观开发利用的保证，也是旅游景观可持续利用的保障。正确的、可操作的旅游景观保护策略是旅游景观保护实施的指导性文件。

第一节 旅游景观开发的理论分析

一、文化旅游资源开发的理论基础

文化旅游资源开发往往是在一定的理论基础上发展而来的。以下则对文化旅游资源开发的几个重要理论基础进行一定的分析。

（一）文化产业开发理论

文化产业开发理论与文化旅游资源的开发有着最为密切的关系，其主要包括三个方面的重要理论，分别是文化生产力理论、文化资本理论和文化资源产业开发的二重规律。

1. 文化生产力理论

文化生产力的问题在较早的时间里就已经出现了，只是没有被明确提出来。从马克思开始，这一问题逐渐被明确地提了出来。在《1844年经济学哲学手稿》中，马克思提出，“宗教、家庭、国家、法、道德、科学、艺术等等，都不过是生产的一些特殊的方式，并且受生产的普遍规律的支配。”① 在《哲学的贫困》里，马克思又提出“文明的果实”就是“已经获得的生产力”。这里很明显已经把文化作为“生产力”来看待了。到后来，马克思明确了生产力包括两种，物质方面的生产力和精神方面的生产力，文化生产力属于精神方面的生产力。②

总的来说，文化生产力既具有意识形态特征，也具有非意识形态的物质性特征。前者主要从两个方面可以得出，首先文化生产力具有精神生产的独特性，表现的是社会意识、社会关系等精神方面的发展成果；其次文化生产力具有强烈的主观色彩，因为任何一个创造者都可以将自己的精神、思想、情感等诸多因素融入文化生产过程中。之所以说文化生产力具有非意识形态的物质性特征，主要是因为任何一种文化生产的过程都是精神的物化过程，只有通过物质的形式才能将精神产品表现出来。

2. 文化资本理论

法国著名社会学家布迪厄在其《资本的形式》中首次提出了文化资本理论。他认为，资本主要分为经济资本、文化资本和社会资本三种。所谓经济资本就是“以财产权形式被制度化的资本，可以立即并直接换成金钱”；所谓文化资本就是“以教育资格的形式被制度化的资本，在某些条件下能转换成经济资本”；所谓社会资本就是“由社会关系组成的，以各种高贵头衔的形式被制度化的资本，在一定条件下也可以转换成经济资本”。③ 其中，文化资本又被布迪厄分成了三种形式：第一种是客观的形式，是指以图片、图书、乐器、机器等文化产品的形式存在；第二种是具体的形式，是指以精神或肉体持久“性情”的形式存在；第三种是体制的形式，是指以一种客观的、必须进行区别对待的形式存在。

文化资本理论被提出后，很多学者都对其进行了相应的研

① [德]马克思．马克思恩格斯全集[M]．北京：人民出版社，1979.
② 吕庆华．文化资源的产业开发[M]．北京：经济日报出版社，2006.
③ 牛淑萍．文化资源学[M]．福州：福建人民出版社，2012.

究,进一步发展了布迪厄的观点。例如,戴维·思罗斯比认为,文化资本是继物质资本、人力资本、自然资本之后的第四种资本。我国学者吕庆华指出,文化资本是以财富形式表现出来的文化价值的积累,这种积累还会引起物品和服务的不断流动,其本身具有文化价值和经济价值,也是一种具有价值和使用价值的商品。[①]

文化资本理论是整个文化产业存在和发展基本理论之一,它为文化产业开发提供了一定的经济学理论基础。

3. 文化资源产业开发的二重规律

文化资源产业既受到一般的商品价值规律的影响,又受到社会价值规律的影响。这就是文化资源产业开发的二重规律。

(1)商品价值规律。这一规律主要是说商品价值是由生产商品的必要劳动时间决定的,商品以价值为基础实行等价交换。它对文化产业开发的影响主要表现在文化生产以及再生产过程、文化产业的运作受供求机制、价格机制和竞争机制的强制影响,受等价交换原则、利润最大化原则的影响。需要注意的是,人类的精神需求往往是复杂多样的,文化产品很多时候无法满足人类精神的需求,因而需求与满足之间的矛盾会非常大。此外,市场不能对文化资源的社会价值进行筛选,如封建迷信、凶杀暴力等文化产品,通过一般价值规律不能完全调整,需要有关部门进行市场手段之外的管理。商品价值规律对文化资源的开发来说是具有一定的局限性的。

(2)社会价值规律。文化对人的精神能够产生持久的影响,这一特点充分反映了文化的社会性特点。从这一特点来看,文化会影响人的价值观的产生。文化这种社会价值规律为文化资源开发提供了一个规范,它引导文化资源的开发向符合人们价值的方向发展。

① 吕庆华. 文化资源的产业开发[M]. 北京:经济日报出版社,2006.

（二）系统理论

系统理论的基本思想主要有两个：第一，要把研究或处理的对象看成一个系统，从整体上考虑问题；第二，要注重各子系统、要素之间的有机联系，以及系统与外部环境之间的相互联系和相互制约。文化旅游资源就是一个系统，具有系统本身的各种性质和功能，应从系统的观点来看待文化旅游资源。

系统理论为文化旅游资源的开发提供了理论指导，提供了方法论基础。它要求人们在进行文化旅游资源开发时，必须要对文化旅游资源的价值、功能、规模、空间布局、开发难易程度、社区状况、市场状况、旅游服务设施等诸多因子进行通盘考虑，合理配置，以使之产生最佳的综合效益。同时，还要加强区域之间的旅游交流与合作，促进区域旅游业的持续健康发展。

（三）可持续发展理论

世界环境和发展委员会在《我们共同的未来》中对可持续发展理论进行了明确的表述，即“既满足当代人的需要，又对后代人满足其需要的能力不构成危害的发展”。可持续发展理论在文化旅游资源开发中具有重要的作用。

可持续发展理论要求人们在进行文化旅游开发的过程中，首先要做到旅游资源的永续利用，兼顾局部利益和全局利益，眼前利益和长远利益，合理安排资源开发的序列，分期分批实施开发计划，不断开发新资源，设计新项目，保持旅游资源的吸引力经久不衰；其次要做到开发与保护并举，保证生态环境的可持续性、社会发展的可持续性、文化发展的可持续性。

二、旅游景观开发的原则

旅游文化产品是一个复合的概念，它在理论上是指旅游者出游一次所获得的整个文化经历。时至今日，旅游界关于旅游文化产品的定义，仍未有统一的表述，不同学者从各自的角度进行了不同的概括。归纳起来，根据其内容的不同可以将这些定义区分为广义、中义和狭义三种情况。

广义的旅游文化产品由景观文化（吸引物）、设施和旅游服务三类要素所构成。其中，景观文化是指自然文化实体和历史文化实体（包括文化氛围和传统习俗）所组成的中心吸引物，正是由于景观的吸引作用，潜在旅游者才产生出游动机，所以景观是旅游文化产品的核心部分；设施是指旅游者得以进入和满足基本生理需求、高层生理需求的交通等基础设施及食宿等旅游设施；旅游服务则是旅游者在体验景观和身处设施场所中接受到的物质或精神上的享受，它们通常是非物质形态的，是由人为创造的。中观层面的旅游文化产品是指景观文化和设施构成的集合体，它带有较强的物质产品特点。狭义的旅游文化产品往往仅指旅游景观文化，它有时可以粗略地等同于通俗意义上的旅游景区。本章是在狭义上使用旅游文化产品这一概念的。

一般来讲，旅游文化产品的开发就是深入分析旅游市场需求，根据市场需求特点，结合本地的旅游资源状况或旅游文化产品开发现状，向市场提供旅游新产品或旅游改进产品，从而可以更好地满足旅游市场的需求。可见，旅游文化产品的开发既包括对现有产品的改进，也包括对旅游新产品的开发。改进旧产品和开发新产品的最终目的，都是创造和提高产品价值，以更好满足旅游市场的需求，最终达到经济效益最大化的目的。一般而言，旅游文化产品的开发应遵循以下原则。

（一）市场导向原则

“旅游业具有典型的市场经济特征，旅游需求是旅游文化产品产生、发展和消亡的直接决定性因素。”因此，旅游文化产品的设计与开发虽然是以个体旅游资源的品质为基础的，但同时还必定受到现有市场和潜在市场需求等因素的制约。也就是说，同其他产业的发展一样，旅游资源开发也受制于供给和需求这一对矛盾,旅游资源的内存价值能否转化为产业效益,市场的导向作用至关重要。

旅游文化产品开发导向有两种基本模式,即资源导向和市场导向。前者主要从本地所拥有的旅游资源条件出发,有什么资源便研究和开发什么产品;后者则强调市场需求在旅游文化产品开发中的关键性作用。在多数情况下,旅游资源禀赋构成了旅游文化产品开发的基础,但不是唯一的和绝对的基础。同样的旅游资源基础往往可设计与开发多种旅游文化产品,但具体开发出什么样的旅游文化产品却取决于当前和未来旅游市场的需求。实践证明,在旅游资源匮乏而市场需求旺盛的情况下,往往可以根据本地的经济、技术和区位等条件,开发出极有市场价值的旅游文化产品。因此,旅游需求是旅游文化产品设计与开发的基本导向或依据,而资源导向却常常可能造成失误。旅游文化产品设计与开发的市场导向确立后,必须深入调查、研究影响旅游需求的各种因素,进行市场细分和定位,运用适当的方法,预测一定时期内的旅游需求量和变化趋势,从而确定旅游文化产品开发的时序和规模,以获得最佳经济效益。

(二)体现主题与地区文化特色原则

主题与特色是旅游文化产品的灵魂,是旅游吸引力的主要源泉和市场竞争的核心。旅游文化产品的设计与开发,就是要根据当地的资源特色、市场需求、区位和环境条件的综合分析,经过概括、提炼、选择,去杂存真,去粗存精,从而确定独特而富有地方特色的主题。要突出当地主题和特色,首先,对区域文化特色进行综合分析,判定其文化特色价值和比较优势,然后通过协调、突破或者协调与突破相结合的方法,确立旅游文化产品的主题。与文化主题相协调,可以使旅游文化产品顺理成章地具有地方特色;突破文化主题则能在地方特色不明显、具有一定普遍性的旅游地形成出奇制胜的旅游文化产品。旅游文化产品特色主要表现为地方性、民族性、原始性或现代性等方面,必须围绕主题进行凸显。其次，旅游文化产品的主题与特色主要通过主体景物、景观体现出来，因此，一定要把握好“主题”与“主体”的配合、协调，切忌出现二者相偏离的错误。同时，旅游媒体的配置也要与旅游文化产品的主题和特色相协调，以集中体现和塑造主题与特色。最后，旅游文化产品主题的确定还要考虑市场需求和竞争的需要。

（三）组合开发原则

任何旅游文化产品的开发不仅要考虑个体旅游资源的品质，更要以区域和系统的观点来加以审视。因为区域内众多的旅游资源不是孤立存在的，它们都是区域旅游资源系统中的子系统或构成要素。资源之间相互联系、相互依存和相互制约，共同构成了区域旅游资源的整体。因此，必须将各地的旅游文化产品开发放在更加广阔的时空中去加以认识和把握。单一的资源类型或狭小的资源赋存空间并不能培育出真正意义上的旅游市场。为实现旅游产业的跨越式发展，应当进行广泛意义上的旅游资源整合与组合开发，同时还要考察、分析其他地区特别是周边旅游区的产品构成、开发情况，以形成合理的分工与协作，避免产品主题的雷同和重复开发及近距离旅游市场的恶性竞争。在区域旅游文化产品系列设计与开发中，还要注意产品结构的协调、优化。

（四）分期有序原则

旅游文化产品的开发不能搞“大跃进”，要有计划、有选择地进行分期开发、滚动发展。要在对资源本身的品质以及对各项制约因素分析的基础上，做好产品的开发规划，确定旅游文化产品的开发序列，从宏观上把握和调节旅游文化产品开发的进程，既不至于造成混乱或者浪费，又能有效刺激和满足市场需求。

（五）符合美学要求原则

旅游的本质是审美和愉悦。旅游是现代人对美的高层次的追求，是综合性的审美实践。旅游文化产品的设计与开发就是要在旅游资源中发现美，并按照美学原理创造美，使分散的美集中起来，形成相互联系的有机整体，使复杂、粗糙、原始的美经过设计与开发而变得更纯粹、更精致、更典型化，符合旅游审美要求，使易逝性的美经过创造和保护而美颜永驻、跨越时空、流传久远。展现出旅游资源美的特征是旅游文化产品开发所追求的核心目标，旅游文化产品的美学特征越突出，知名度越高，旅游吸引力和市场竞争力就越大。

（六）可持续发展原则

可持续发展原则要求旅游文化产品的设计与开发必须正视旅游文化产品的生命周期以及与资源、环境保护的协调。

受市场潮流和资源保护力度的影响，每个旅游文化产品都有自身的生命周期，但旅游资源和旅游环境的保护却是延长旅游文化产品生命周期的重要途径。因此，在旅游文化产品开发中，无论是自然旅游资源还是历史文化遗产，都必须注意产品开发和资源保护并重，以确保旅游资源的永续利用，增强旅游文化产品的生命力。另外，要协调、优化区域旅游文化产品组合结构，研究旅游市场需求变化的新趋势和区域环境、资源特点，不断设计开发新的旅游文化产品。在旅游文化产品开发的时序上做到“销售一代，开发一代，储备一代”，以保持旅游业的可持续发展。

可持续发展原则的核心是实现经济效益、社会效益和生态效益的有机统一，严格防止与避免破坏性的开发和单纯追求经济效益的倾向。旅游文化产品的设计、建设、消费和管理等观念与行为如果不当，就会造成对旅游环境和资源的破坏，降低旅游地的吸引力，使旅游业发展难以持续。因此在旅游文化产品的设计与开发中，必须强化资源、环境保护意识，坚持保护与开发并重，严格环境影响评估制度，坚决防止低水平、掠夺性、破坏性的开发建设。同时，还要研究、调控旅游环境容量，避免旅游地环境容量的饱和与超载。

三、文化旅游资源开发的总体规划

在对文化资源进行调查与评价之后，就可以根据相关的结论来对文化旅游资源开发进行合理的总体规划。总体规划的过程主要由以下几个环节构成。

（一）文化旅游资源开发的目标制定

当通过调查与评价确定出合适的文化旅游资源后，就可以进行可行性分析，制定出文化旅游资源开发目标。所谓文化旅游资源开发的目标，就是指某文化旅游资源发展的方向和所要实现的最终目的。它是文化旅游资源开发的灵魂所在。

文化旅游资源开发目标可以分为区域的经济发展目标、环境建设目标、社会发展目标、遗产保护目标等。需要注意的是，文化旅游项目不同，其目标也会有所不同。但是，无论项目的目标有多少个，有多不同，每个项目都应确定出一个总体目标。这个总体目标必须能够量化，并且能够测评。根据总体目标，还可以制定出一些阶段性目标。

（二）文化旅游资源开发的定位

所谓定位，就是指确定方向，指出方位。文化旅游资源开发的定位，主要是指文化旅游资源开发者从不同角度确定文化旅游资源的特征，并设计其形象、功能、市场和模式，以适应消费者的行为。文化旅游资源开发的定位可以分为以下四个方面。

1. 形象定位

这主要是指文化旅游资源开发者为消费者树立一个鲜明独特的形象，满足消费者的兴趣或偏好，使消费者很容易留下深刻的印象。

2. 功能定位

这是指开发者确定所开发出来的文化旅游资源，要确保其适应于开展文化旅游活动的总体功能。

3. 市场定位

这是指要确定目标市场，看看所开发的文化旅游资源适合境外市场、全国市场还是地方市场。

4. 模式定位

文化旅游资源开发往往可以依据不同的标准划分出不同的开发模式。例如，依据投资主体划分，有政府主导型资源开发模式、企业主导型开发模式、民间投资主导型模式、外商投资型主导模式等；依据地域划分，有东部精品开发模式、中部特品开发模式、西部极品开发模式等。

这就需要在进行总体规划的过程中，根据各方面的不同需求，选择适合的开发模式。

（三）文化旅游资源开发的区域确定

文化旅游资源的空间规模大小取决于文化旅游资源开发的区域确定。只有明确了所规划区域的范围和规模，才能进行具体的项目布局，进一步实施项目。因此，这一环节也是不能缺少的。

（四）文化旅游资源开发项目的总体布局

项目总体布局主要是指对文化旅游资源开发项目的各个要素进行布局，确定项目的功能区域分布。它是整个项目总体规划的关键环节，项目是否成功与总体布局是否合理有非常大的关系。在项目总体布局过程中，规划者不仅要对主要旅游景点、景物布局，还要对相关配套设施进行布局和规划。

（五）文化旅游资源开发步骤和主次的确定

为了使文化旅游资源开发项目合理有序地完成，在总体规划中就要对项目中的重点部分和基础部分进行确定，具体分析出项目开发应当先进行什么，后进行什么。

第二节　自然旅游景观的开发

一、山地旅游景观开发

（一）山地旅游资源的特色

1. 山地分类

（1）按照高度分类。山地类型众多，景观内容丰富，构成了自然风光的主体。山地可按高度分为极高山（海拔大于 5000m）、高山（海拔 3500 ～ 5000m）、中山（海拔 1000 ～ 3500m）、低山（海拔 500 ～ 1000m）和极低山（海拔在 500m 以下）。中山和低山丘陵往往因环境宜人、风景秀丽而吸引游人，高山和部分极高山则是科学研究和登山旅游的理想场所。

（2）按照地质地貌分类。按照山地的地质地貌构成不同，可以分为：①花岗岩地貌景观。常形成挺拔险峻、峭壁耸立的雄奇景观，如华山、黄山、三清山、天台山、五指山等。②变质岩地貌景观。变质岩的岩性差别很大，组成的山地风景的风格特色也不同。著名的如泰山、嵩山、庐山、五台山、苍山、武当山、梵净山等。③砂岩峰林地貌景观。位于湖南省西北部的武陵源风景区，是我国独特的砂岩峰林地貌景观。④丹霞地貌景观。丹霞地貌具有整体感强、线条明快质朴，体态浑厚稳重、丹山碧水、引人入胜的特点。较著名的有广东仁化丹霞山，桂北湘南资江、八角寨，福建武夷山，浙江方岩，江西圭峰、龙虎山，安徽齐云山，甘肃麦积山、崆峒山，贵州梵净山，四川江油窦圌山、都江堰市青城山等。⑤岩溶山地景观。岩溶洞穴是一种重要的旅游资源。所谓“桂林山水甲天下”，正是岩溶景观的代表。我国有名的溶洞较多，如广西桂林的七星岩和芦笛岩、广西柳州的白莲洞、广西南宁的伊岭岩，贵州织金的织金洞、浙江金华的双龙洞、湖南张家界的黄龙洞、广东肇庆的七星岩等。

2. 山地自然旅游资源

山地的自然旅游资源通常表现为山石奇景、生物多样性、多重景观融合和舒适的生态环境。山石奇景是指山石经过自然风化、流水冲刷等作用，形成各种奇特的形象，如黄山“飞来石”“梦笔生花”“仙人指路”等奇石景观；生物多样性，指具有丰富珍稀的野生植物、野生动物等，如热带雨林中的植物景观丰富奇特；多重景观融合指山地景观与森林植被、流泉飞瀑、云海、冰雪景观、温泉等的结合，有时还有佛光、海市蜃楼奇观出现，这展现出了山地旅游资源的综合性；舒适的生态环境，指山地因为高差、植被作用，形成的负氧离子充足、清新凉爽的舒适气候环境。

3. 山地人文旅游资源

山地的人文旅游资源一般包括宗教文化、当地居民、历史遗迹、名人传说和新建景观等。历史上众多名山都是著名的宗教场所，如佛教四大名山——峨眉山、普陀山、五台山、九华山，道教名山——武当山、崆峒山等；有些山区仍然有村落，居民生活其间，民族文化传统突出，如贵州、四川的一些少数民族山寨；历史遗迹包括古人类生活遗迹（如山顶洞人遗址）、革命胜地（如庐山、六盘山）等；古人喜欢登山远游，留下了许多诗词、胜迹、摩崖石刻等，形成名人文化旅游资源；古代名人和近现代、当代名人的登临，增加了名山的知名度，如秦始皇泰山封禅、徐霞客游历名山大川等。新建景观是指山地经过初期建设开发，建设了博物馆、展览馆、标志性景观、雕塑等人文景观资源。

综合以上山地旅游资源分析，旅游资源中的山岳可以整合为：①风景名胜区中的山岳；②自然保护区和森林公园中的山岳；③历史名山；④佛教、道教名山；⑤冰山雪峰和登山地；⑥有科学考察意义的山岳等类型。

（二）旅游产品类型

山地旅游资源丰富多样，相应的旅游产品类型也丰富多样。在进行旅游开发时，可以根据不同山地的类型，重点突出不同类型的旅游产品。

1. 山地观光旅游

观光旅游是山地旅游开发的基础形式，重点是让游客领略山地自然风光，观赏人文胜迹。旅游开发措施包括：建设观光亭、观光游览步道、观光索道等，利用奇石、名木、美景、古迹等打造观光旅游的节点，如黄山迎客松、泰山日观峰。

2. 宗教文化旅游

开发宗教文化旅游产品，一般是依托山上原有的寺庙、道观、佛像等。对于历史上记录的非常有名的寺庙、道观等，可以按照规范和程序，申请恢复重建，但一般不主张新建宗教建筑和宗教景点。宗教文化旅游产品开发的内容包括：宗教建筑观赏、宗教文化艺术欣赏（如石窟、雕像、岩画、敦煌壁画、塔尔寺酥油花塑像等）、宗教朝拜、宗教仪式活动、宗教研讨会、宗教商品购物（如佛像、书籍、字画、饰品等）、宗教餐饮（如素食品尝）等。

3. 山地休闲度假旅游

指利用山地优良的生态环境，开发休闲度假产品。建设休闲度假村、休闲度假酒店、休闲度假别墅，配套会议设施、KTV、影院娱乐设施、高档餐厅、咖啡馆等休闲设施，以及配备山地高尔夫、

SPA按摩疗养、运动健身馆等高档休闲度假设施。在此，山地是作为休闲度假的背景资源和环境载体，建设的重点是让现代化的休闲设施融入自然山水资源中，在风格上协调一致，体现人与自然的和谐共处。

4. 山地生态旅游

重点是让游客体验到山地生态环境的优良性，山地是一处放松身心、释放压力、恢复健康的场所。开发的内容包括：珍稀植物观赏学习，登山运动，山珍野味采集、品尝，山地露营等。

5. 山地探险旅游

植被丰茂、地形奇特复杂、人类活动影响小、原始性较强的山地比较适合开展探险旅游产品开发。可以开展徒步探险、登山探险、溶洞探险等。探险旅游具有一定的专业性，需要由专业人士带领，要做好安全防护和安全救援工作。

6. 山地户外旅游

在山地建设户外活动设施，作为户外拓展训练的基地。开发内容有拓展训练场、射击场、CS野战俱乐部、帐篷营地、房车营地等。

7. 滑雪旅游

对于可能适宜开发滑雪旅游的山地，要根据有关标准考察场地的高度、坡度、雪的厚度等要素，进行可行性分析。滑雪旅游可以分为针对大众的一般滑雪旅游场所和针对专业比赛的训练基地。重点是建设好服务营地，提供滑雪训练指导，器具购买、租赁和安全救援等服务。可以定期举办滑雪比赛，增强旅游产品的影响力。

8. 其他专项旅游

另外，山地旅游还可开发山地摄影比赛、山地绘画比赛、登山比赛、山地越野赛等一些单项旅游活动，作为专项旅游产品。有少数民族生活的地区，可以依托山地资源，重点开发少数民族文化体验、山地农家乐旅游活动等。

二、滨海旅游景观开发

（一）滨海旅游资源的特色

滨海旅游资源的特点表现为优美的自然风光，海洋、海滩、阳光资源，海洋生物多样性，适宜度假的海洋性气候，神秘、浩瀚的海洋风情，四面环水的海中小岛等。海洋海岛是最适宜开展休闲度假旅游的场所。

滨海旅游之所以深受旅游者的喜爱，是因为滨海旅游具有以下特点：

（1）有益健康。保健一直都是一种主要的旅游动机。海水中富含钠、钾、碘、镁、钙、氯等多种对人体有益的矿物元素，尤其是碘的作用日益受到世人的重视。滨海空气中除较多地含有这些元素之外，氧和臭氧的含量也较多，因而对人体健康有利。

（2）气候宜人。由于水的比热大于陆地，因此滨海地区气温变化幅度较小，一般冬暖夏凉；另外，滨海环境比较舒适，空气洁净清新，阳光也比较充足，且紫外线较多，是“日光浴”的极佳场所。

（3）景色优美。滨海地区景色优美，适合休闲、观光、旅游。

（4）运动健身。海滨除了是理想的浴场外，还可举行冲浪、帆板、赛艇、潜水、垂钓以及排球、足球等多种娱乐性、运动性、直接参与性强的水上及沙滩运动。

（5）海鲜美食。滨海地区可提供海鲜等多种可口的食品，是美食旅行的好去处。

（二）旅游产品类型

滨海旅游产品是以海滨的水域和陆域实体景物为依托，以海洋文化为主线进行的开发，可以开发观光旅游、休闲度假旅游、商务会议旅游、体育运动旅游等多种旅游形式。

1. 海洋海岛观光旅游

海洋海岛观光有多种形式,可以包括海边观光、高空观光、海上观光等形式。开发海边观光,要适当建设滨海观景亭、标志性景观;开发高空观光,可以建设观光塔,或者开展热气球观光、直升飞机观光等活动;开发海上观光,包括海上游轮观光、游艇观光等。

2. 滨海休闲度假旅游

滨海休闲度假旅游开发,一般是建设比较高档的休闲度假酒店、休闲度假村。海洋海岛是国际知名酒店、连锁酒店热衷于投资的热点地区。为了实现差异化开发,各度假酒店、度假村一般体现不同的主题性,展现不同的特色,如有的建筑风格原始古朴(如马尔代夫的茅草式别墅),有的豪华现代(如希尔顿、万豪等国际知名酒店);有的装修风格独特,体现出地中海风格、罗马风格、中国传统风格等;度假酒店的房间、别墅等也针对不同的人群,设计出商务型、新婚蜜月型、温馨家居型等不同的风格。餐饮、娱乐、康体等各项休闲度假设施配套完善。

海边开设露天游泳场,有沙滩、遮阳伞、休闲椅、餐饮店等。可以开展的活动有沙滩排球、沙滩足球、沙滩烧烤、海边浮潜、冲浪、快艇、摩托艇等。

3. 商务会议旅游

依托众多的度假酒店、商务酒店等,可以发展商务会议旅游。要配套完善商务会议所需要的大中小型会议室,以及电视、投影、同声传译等各种设备和专门的会议筹划人员、翻译人员等。会议的类型,按照影响力分为国际型、国内型、区域型、本地型会议,要积极争办国际国内具有影响力的节会活动,并争取成为永久性会址,如海南的博鳌成为亚洲论坛的永久会址,商务会议旅游成为博鳌旅游的重要类型。按照会议的内容,分为政治性会议、商贸性会议、文化性会议、宗教性会议活动等。公务和商务会议是商务会议旅游的两个重要方面,要针对不同市场的特点展开营销和宣传。

4. 体育运动旅游

海洋体育运动旅游产品分为针对普通大众的娱乐性运动和针对专业人士的竞技性运动。针对普通大众,开发滨海游泳、沙滩体育活动、海边浮潜、滑水等活动。针对专业人士,开发帆船、帆板、皮划艇、海底探险等运动项目。

第三节 历史旅游景观的开发

一、建筑旅游文化的开发利用

单把建筑资源作为一项重要的旅游文化来说,其根本上是为了保护,从广义上说是为了依据“需要”而给予特殊保护的人文生存文化区域。我国有悠久的历史和多姿多彩的民族,建筑文化也有多种特色。因此,在开发建筑文化旅游资源时,要从保护出发,突出建筑的特色。建筑文化旅游资源的开发,从总体上来说,需要坚持以下这些原则。

第一,坚持适度开发加强保护的原则。建筑文化既然具有值得人们珍存的历史文化和观赏等多方面价值,又由于时间的推移,受到一定程度的损害,对它应在保护的前提下进行适度整治、开发,使它的价值得以更完美的体现。在这个过程中要处理好旅游资源开发与保护的关系,既要合理开发和利用资源,又要保护好生态环境、自然和人文遗产。

第二,突出主题强调特色的原则。建筑文化吸引游人靠的是特色。譬如,西双版纳的景洪市,它的特色就是热带风光、傣族文化。如果我国的城市都建设得像美国纽约一样,那么对西方游人就没有吸引力了。要突出特色,旅游城镇建设就不能搞大而全。

第三,区别对待因地制宜的原则。我国旅游城镇发展很不平衡,有的发展比较早,有的仍处于起步阶段。由于所处的阶段不同,规划的目标和任务也不同。对于起步阶段的建筑文化来说,规划的目标和任务是吸引更多的游人前来观光和消费。然而,对于发展比较早的建筑文化来说(如云南的丽江、江苏的周庄等),其所面临的问题是人满为患,因此规划的目标和任务是进一步完善管理。

第四,以资源为基础以市场为导向的原则。旅游资源是建筑旅游文化赖以发展的基础。实力雄厚的大城市可以搞主题公园、人造景观来吸引游人,而中小型旅游城镇因经济实力有限,应该把目光瞄准市场,多在资源优势和特色上做文章。

第五,以人为本协调发展的原则。这一原则包含三个层面的含义:一是以当地居民为本,强调社区参与;二是以游人为本,体现对游人的关怀;三是以大多数人利益为本,不能仅仅考虑政府和开发商的利益。

二、园林景观的开发

(一)园林景观的立意

园林景观立意是指园林景观设计的意图、园林景观营造的意境,即设计思想、设计情感。无论中国的帝王宫苑、私人宅园,或国外的君主宫苑、地主庄园,都反映了园主的指导思想。园主造园时,往往将某种精神追求寄托于园林景观中的景物,使观赏者在游览时能够触景生情,产生共鸣。因此,要想充分地表现出园林景观艺术的立意之美,一定要从整体意境着眼,表达出其中蕴含的哲理和人生态度。

园林景观设计是自然的一个空间境域,园林景观意境寄情于自然物及其综合关系之中,情生于境而又超出由之所激发的境域事物之外,给感受者以遐想的空间。当客观的自然境域与人的主观情意相统一、相激发时，才产生园林景观意境。在古典园林景观中，尤其是文人园林景观中，清风明月、浅池碧水、莲荷翠竹都是园林景观重要的构成部分，这种能让人感受到雅趣、旷远、疏朗、清新风格的园林景观成了园林景观中的上品。纵观中国的园林设计之精品，总结出园林立意的常见手法有如下几种。

1. 象征与比拟的立意手法

孔子在《论语》中说："仁者乐山，智者乐水。"这句话是用比拟和象征的手法，将不同形态的物体拟想为美德与智慧的化身，而这两种生命素质又代表了两种不同的人生志趣。

从这个意义上说，在园林景观中堆山开池不仅出于对自然之美的喜好，而且代表了对美德和智慧的向往与追求。秦始皇在咸阳引渭水作长池，在池中堆筑蓬莱神山以祈福，这种"水中筑岛造山"以象征仙岛神山的做法被后世争相效仿。如汉朝长安城建章宫的太液池内也筑有三岛，唐长安城大明宫的太液池内筑有蓬莱山，元大都皇城内的太液池中也堆有三岛，清朝的圆明园中最大的水面福海堆有蓬岛瑶山，颐和园的昆明湖中也堆有三座岛屿，可见后继者对山水象征意义的虔敬之心。

古人还把对儒家思想观念的重视投射到自然界的植物中。苍松遒劲强健、修竹挺拔有节、蜡梅凌寒而放，它们的姿态、习性让人联想到高尚、纯洁、坚韧等精神品质。因此，中国文人将松、竹、梅称作"岁寒三友"，用于比喻高尚的人格，松、竹、梅也就成了中国诗词、绘画乃至园林景观设计中常用的载体。艺术家吟咏和描绘这些具体物象以自比，或表达对高尚品格的推崇。

2. 诗情画意的立意手法

园林景观不仅供人居住游赏，更寄托了园主的情趣爱好和人生追求。园林景观之所以被视为一种高雅的艺术形式，也与其表现了园主良好的艺术修养和卓尔不凡的个性有关，于是对诗情画意的追求也就成了造园者最习以为常的出发点和归宿。

园林景观的建造常常出于文思，园林景观的妙趣更赖以文传，园林景观与诗文、书画彼此呼应、互相渗透、相辅相成。而对诗词歌赋的运用只需看一看园林景观中的题咏就知道了——以典雅优美的字句形容景色，点化意境，是园林景观最好的“说明书”。好的题咏，如景点的题名、建筑上的楹联，不但能点缀堂榭、装饰门墙、丰富景观，还表达了造园者或园主人的情趣品位。

中国园林景观设计同样注重绘画技法在造园细节上的运用。园林景观设计师和建造者因地制宜，别出心裁地营建了许多园林景观，虽然各不相同，却在不同中有着一个共同点：游览者无论处于园林景观中的哪个点上，眼前总是一幅完美的图画。中国园林景观如此讲究近景远景的层次、亭台轩榭的布局、假山池沼的配合、花草树木的映衬，也正是为了营造诗情画意的境界。

总而言之，要充分领略园林景观“入诗”“入画”的意味，不仅要熟悉中国园林景观的常见手法和布局，还要用心体会风景背后精致、唯美的文化品位。

3. 汇集经典景点的立意手法

无论是皇家园林景观还是私家园林景观，造园时引用名胜古迹、寺庙、街市等经典景点是一个通用的做法，甚至同一个景点出现在不同的园林景观中，后人也可从中挖掘出相同的文化历史底蕴。

中国的“五岳”是古时山岳的代表，山中都建有山岳庙，用于供奉和祭祀山神，亦是人类早期自然崇拜的遗存。苏州私家园林景观中常于庭前厅后立石峰五座以象征五岳，这种对山石的欣赏到清朝后期更为盛行，甚至将寸尺小石置于盆中，摆放在几案之上，使五岳胜景进入厅堂。

江南一带，每逢农历三月初三人们都要去城郊游乐。著名书法家王羲之（303—361 年）等四十余人就曾到浙江绍兴城外兰亭，当日众人所赋诗作结集成册，王羲之为之挥笔作序，后人将诗集刻写于石碑，立于兰亭。于是，不仅绍兴兰亭成了名胜，而且在曲水上饮酒赋诗也成了世人推崇的风雅之举。取其象征意义，北京紫禁城的宁寿宫花园和承德避暑山庄就都建有“曲水流觞亭”（图 3–1），不过，昔日兰亭的天然流水在这里成了亭中地面上石刻的曲水渠。这些名山胜景进入园林景观，不但形成了园内的景点，而且它们所附带的文化历史内涵也被引入园林景观，给园林景观增添了人文意境。

中国园林景观设计，特别是皇家园林景观中经常建有寺庙，这一方面是出于封建帝王对佛教的崇信，另一方面也是因为寺庙建筑独特的景观效果——有时寺庙可以成为一座园林景观的主要景观和风景构图中心，清寂宁静的氛围有着超凡脱俗的意境。北海公园中的永安寺及其喇嘛塔建立在琼华岛上，颐和园的佛香阁及智慧海佛殿分别建在万寿山南面的山腰和山脊上，这些佛教景观建筑以其突出的形象和所占据的特殊地势，成为这两座皇家园林景观的标志和全园风景构图的中心。与上述营造目的完全不同，颐和园后溪河上的买卖街为与世隔绝的皇室成员模拟出世俗生活的真实场景——鳞次栉比的店铺和随风摆动的各式店铺招幌，尽管都是布景式的，却表现了园主人对繁华闹市的向往（图 3–2）。

图 3–1　宁寿宫花园的曲水流觞亭　图 3–2　颐和园后溪河上买卖街

园林景观的意境正是通过上述这些手段，才有了丰富的内涵——中国园林景观不仅是融合了诗文、书法、绘画、雕刻、盆景、音乐、戏曲于一体的高度完善的古典艺术形态，而且参与构建了中国传统文化的环境与氛围。其细腻、优雅、婉约、抒情的艺术风格不仅表达了一种生活格调，还浓缩了极具东方哲学意味的中国传统艺术精神。了解了这些内涵,才能够真正领略中国古代园林景观之美。

(二)园林景观的布局

园林景观设计布局应该先设计地形,然后再安排树木、建筑和道路等。"园以景胜,景因园异",园林景观布局的规划设计必须因地制宜,因情制宜。因此园林景观布局的规划设计可谓千变万化,但即使变化无穷,总有一定之规。园林景观中尽管内容丰富,形式多样,风格各异。但就其布局形式而言,不外乎四种类型,即规则式、自然式以及由此派生出来的规则不对称式和混合式。

1. 规则式布局

规则式布局的特点是强调整齐、对称和均衡。规则式的园林布局主要有以下几点具体要求:要有明显的主轴线,在主轴线两边的布置是对称的,因而要求地势平坦,若是坡地,需要修筑成有规律的阶梯状台地;园林建筑应采用对称式,布局严谨;园林景观设计中各种广场,水体轮廓多采用几何形状,水体驳岸严正,并以壁泉、瀑布、喷泉为主;园林中的道路系统一般由直线或有轨迹可循的曲线构成;园林中植物配置强调成行等距离排列或作有规律地简单重复,对植物材料也强调人工整形,修剪成各种几何图形;花坛布置以图案式为主,或组成大规模的花坛群。

规则式的园林景观设计,以意大利台地园和法国宫廷园为代表,给人以整洁明快和富丽堂皇的感觉。遗憾的是缺乏自然美,一目了然,欠含蓄,并有管理费工之弊(图 3-3、图 3-4)。

2. 自然式布局

自然式布局构图没有明显的主轴线,其曲线也无轨迹可循;地形起伏富于变化,广场和水岸的外缘轮廓线和道路曲线自由灵活;对建筑物的造型和建筑布局不强调对称,善于与地形结合;植物配置没有固定的株行距,充分利用树木自由生长的姿态,不强求造型;在充分掌握植物的生物学特性的基础上,可以将不同品种的植物配置在一起，以自然界植物生态群落为蓝本，构成生动活泼的自然景观。自然式园林景观在世界上以中国的山水园与英国式的风致园为代表（图 3–5、图 3–6）。

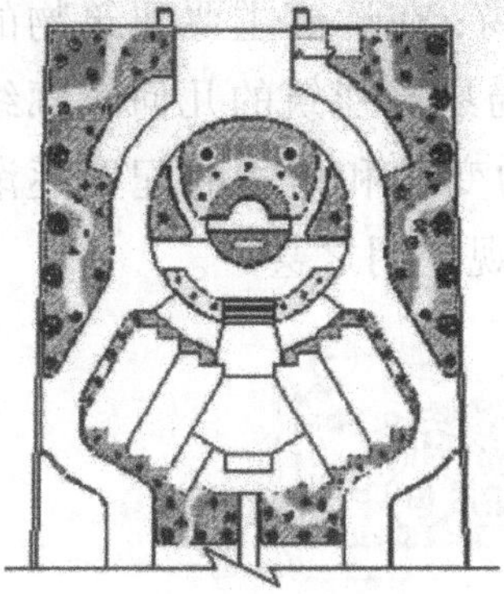

图 3–3　规则对称式

图 3–4　意大利台地园——埃斯特庄园

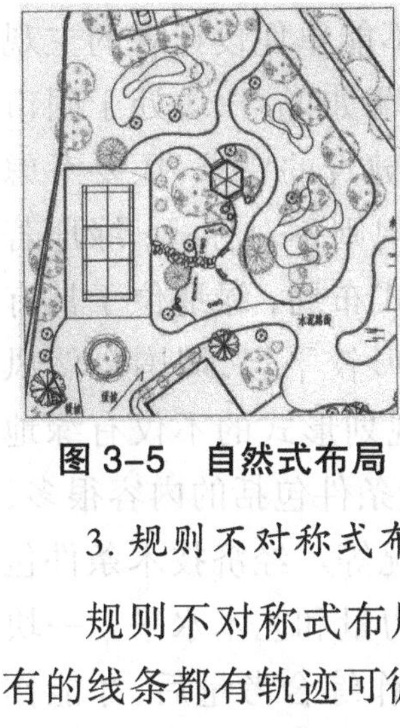

图 3–5　自然式布局

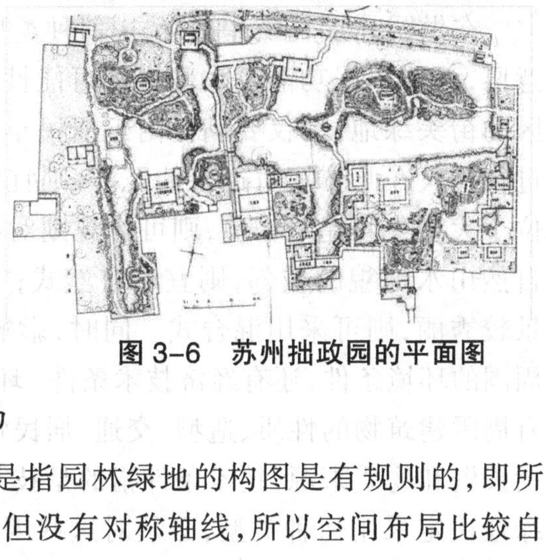

图 3–6　苏州拙政园的平面图

3. 规则不对称式布局

规则不对称式布局是指园林绿地的构图是有规则的，即所有的线条都有轨迹可循，但没有对称轴线，所以空间布局比较自由灵活。林木的配置多变化，不强调造型，绿地空间有一定的层次和深度。这种类型较适用于街头、街旁以及街心块状绿地（图 3–7）。

4. 混合式布局

混合式园林景观设计是综合规则与自然两种类型的特点，把它们有机地结合起来。这种形式应用于现代园林景观设计中，既可发挥自然式园林布局设计的传统手法，又能吸取西洋整齐式布局的优点，创造出既有整齐明朗、色彩鲜艳的规则式部分，又有丰富多彩、变化无穷的自然式部分。其手法是在较大的现代园林景观建筑周围或构图中心，运用规则式布局；在远离主要建筑物的部分，采用自然式布局。因为规则式布局易与建筑的几何轮廓线相协调，且较宽广明朗，然后利用地形的变化和植物的配置逐渐向自然式过渡。这种类型在现代园林景观中用之甚广。

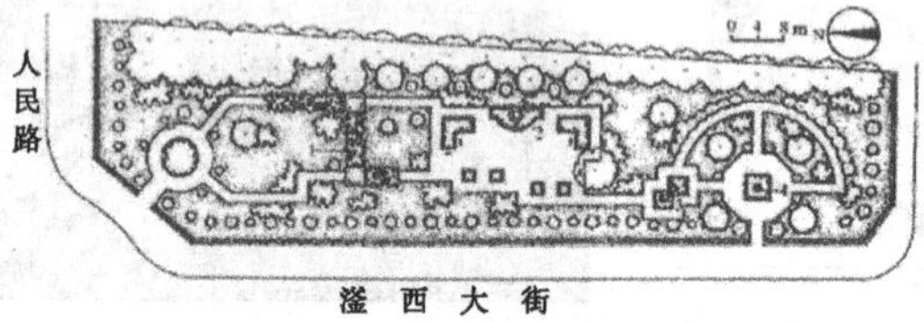

图 3-7　规则不对称式布局

在做园林景观设计时，选用何种类型不能单凭设计者的主观意愿，而要根据功能要求和客观可能性。譬如说，一块处于闹市区的街头绿地，不仅要满足附近居民早晚健身的要求，还要考虑过往行人在此作短暂逗留的需要，则宜用规则不对称式；绿地若位于大型公共建筑物前，则可作规则对称式布局；绿地位于具有自然山水地貌的城郊，则宜用自然式；地形较平坦，周围自然风景较秀丽，则可采用混合式。同时，影响规划形式的不仅有绿地周围的环境条件，还有经济技术条件。环境条件包括的内容很多，有周围建筑物的性质、造型、交通、居民情况等。经济技术条件包括投资和物质来源，技术条件指的是技术力量和艺术水平。一块绿地决定采用何种类型，必须对这些因素作综合考量后，才能作出决定。

（三）园林景观的方法

1. 突出主景

园林景观无论大小、简繁，均宜有主景与配景之分。

主景是园林设计的重点，是视线集中的焦点，是空间构图的中心，能体现园林绿地的功能与主题，富有艺术上的感染力。配景对主景起重要的衬托作用，没有配景就会使主景的作用和景观效果受到影响，所谓“红花还得绿叶衬”正是此道理。主景与配景两者相得益彰又形成一个艺术整体。

不同性质、规模、地形条件的园林绿地中，主景、配景的布置是有所不同的。如杭州花港观鱼公园以金鱼池及牡丹园为主景，周围配置大量的花木（如海棠、樱花、玉兰、梅花、紫薇、碧桃、山茶、紫藤等）以烘托主景。北京北海公园的主景是琼华岛和团城，其北面隔水相对的五龙亭、静心斋、画舫斋等是其配景。主景与配景是相互依存、相互影响、缺一不可，它们共同组成一个整体景观。

主景集中体现着园林的功能与主题。例如，济南的趵突泉公园，主景就是趵突泉，其周围的建筑、植物均是来衬托趵突泉的。在设计中就要从各方面表现主景，做到主次分明。园林的主景有两个方面的含义，一是指全园的主景，二是指局部的主景。大型的园林绿地一般分若干景区，每个景区都有主体来支撑局部空间。所以在设计中要强调主景，同时做好配景的设计来更好地烘托主景。

在园林设计时，为了突出重点，往往采用突出主景的方法，常用的手法有以下几种。

（1）升高主体。在园林设计中，为了使构图的主题鲜明，常常把集中反映主题的主景在空间高度上加以突出，使主景主体升高。“鹤立鸡群”的感觉就是独特，引人注目，也就体现了主要性，所以高是优势的体现。升高的主景，由于背景是明朗简洁的蓝天，使其造型轮廓、体量鲜明地衬托出来，而不受或少受其他环境因素的影响。但是升高的主景，一般要在色彩和明暗上，和明朗的蓝天取得对比。

例如，济南泉城广场的泉标，在明朗简洁的蓝天衬托下，其造型、轮廓、体量更加突出，其他环境因素对它的影响不大。如颐和园的佛香阁（图 3-8）、北海的白塔（图 3-9）、广州越秀公园的五羊雕塑等,都是运用了主体升高的手法来强调主景。

图 3-8 颐和园的佛香阁

图 3-9 北海的白塔

(2)轴线焦点。轴线是园林风景或建筑群发展、延伸的主要方向。轴线焦点往往是园林绿地中最容易吸引人注意力的地方,把主景布置在轴线上或焦点位置就起到突出强调作用,也可布置在纵横轴线的焦点、放射轴线的焦点、风景透视线的焦点上。例如,规则式园林绿地的轴线上布置主景,或者道路交叉口布置雕塑、喷泉等。图 3-10 为故宫中轴线上的主景。

(3)加强对比。对比是突出主景的重要技法之一,对比越强烈越能使某一方面突出。在景观设计中抓住这一特点,就能使主景的位置更突出。在园林中,主景可在线条、体形、重量感、色彩、明暗、动势、性格、空间的开朗与封闭、布局的规则与自然等方面加以对比来强调主景。例如,直线与曲线道路、体形规整与自然的建筑物或植物、明亮与阴暗空间、密林与开阔草坪等均能突出主景。例如,昆明湖开朗的湖面是颐和园水景中的主景,有了闭锁的苏州河及谐趣园水景作为对比,就显得格外开阔(图 3-11)。在局部设计上,白色的大理石雕像应以暗绿色的常绿树为背景;暗绿色的青铜像,则应以明朗的蓝天为背景;秋天的红枫应以深绿色的油松为背景;春天红色的花坛应以绿色的草地为背景。

图 3-10　故宫中轴线上的主景

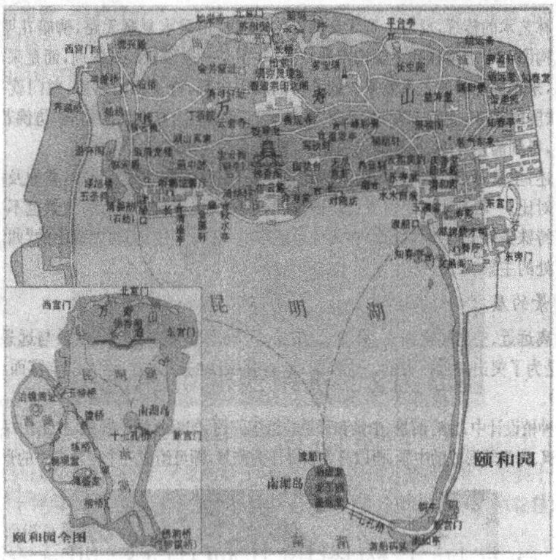

图 3-11　颐和园开阔与闭锁的水面空间

总之,主景是强调的对象,为了达到目的,一般在体量、形状、色彩、质地及位置上都被突出。为了对比,一般都用以小衬大、以低衬高的手法突出主景。但有时主景也不一定体量很大、很高,在特殊条件下低在高处,小在大处也能取胜,成为主景,如西湖孤山的“西湖天下景”,就是低在高处的主景。

另外,单纯运用对比,能强调和突出主景,但是突出主景仅是构图的一方面的要求,构图还有另一方面的要求,即配景和主景的调和与统一。因此,对比与调和常是渗透起来综合运用,使配景与主景达到对立统一的最好效果。

(4)视线向心。人在行进过程中视线往往始终朝向中心位置,中心就是焦点位置,把主景布置在这个焦点位置上,就起到了突出作用。焦点不一定就是几何中心,只要是构图中心即可。一般四面环抱的空间,如水面、广场、庭院等,其周围次要的景物往往具有动势,趋向于视线集中的焦点上,主景最宜布置在这个焦点上。为了不使构图呆板,主景不一定正对空间的几何中心,而偏于一侧。例如,杭州西湖、济南大明湖等,由于视线集中于湖中,形成沿湖风景的向心动势,因此,西湖中的孤山(图 3-12)、大明湖的湖心岛(图 3-13)便成了"众望所归"的焦点,格外突出。

图 3-12　杭州西湖中的孤山

(5)构图重心。为了强调和突出主景,常常把主景布置在整个构图的重心处。重心位置是人的视线最易集中的地方。规则式园林构图,主景常居于构图的几何中心,如天安门广场中央的人民英雄纪念碑(图 3-14),居于广场的几何中心。自然式园林构图,主景常布置在构图的自然重心上。如中国古典园林的假山,主峰切忌居中,就是主峰不设在构图的几何中心,而有所偏,但必须布置在自然空间的重心上,四周景物要与其配合。

图 3-13　济南大明湖的湖心岛

图 3-14　天安门广场中央的人民英雄纪念碑

(6)欲扬先抑。中国园林艺术的传统,反对一览无余的景色,主张“山重水复疑无路,柳暗花明又一村”的先藏后露的构图。中国园林的主要构图和高潮,并不是一进园就展现眼前,而是采用欲“扬”先“抑”的手法,来提高主景的艺术效果。如苏州拙政园中部,进了腰门以后,对门就布置了一座假山,把园景屏障起来,使游人有“疑无路”的感觉。可是假山有曲折的山洞,仿佛若有光,游人穿过了山洞,得到豁然开朗、别有洞天的境界,使主景的艺术感染大大提高。又如苏州留园,进了园门以后,经一曲折幽暗的廊后,到达开敞明朗的主景区,主景的艺术感染力大大提高了。

2. 丰富景深

景观就空间层次而言,有前景、中景、背景(也叫近景、中景与远景）之分，没有层次，景色就显得单调，就没有景深的效果。这其实与绘画的原理相同，风景画讲究层次，造园同样也讲究层次。一般而言，层次丰富的景观显得饱满而意境深远。中国的古典园林堪称这方面的典范（图 3-15）。

在绿化种植设计中，也有前景、中景和背景的组织问题，如以常绿的圆柏（或龙柏）丛作为背景，衬托以五角枫、海棠等形成的中景，再以月季引导作为前景，即可组成一个完整统一的景观。

图 3-15　桂林盆景园中具有层次感的草坪空间

有时因不同的造景要求，前景、中景、背景不一定全部具备。如在纪念性园林中，需要主景气势宏伟，空间广阔豪放，以低矮的前景，简洁的背景烘托即可。另外在一些大型建筑物的前面，为了突出建筑物，使视线不被遮挡，只以一些低于视平线的水池、花坛、草地作为前景，而背景借助于蓝天白云。

3. 巧于借景

有意识地把园外的景物“借”到园内可透视、感受的范围中来，称为借景。借景是中国园林艺术的传统手法。明代计成在《园冶》中讲：“借者，园虽别内外，得景无拘远近，晴峦耸秀，绀宇凌空；极目所至，俗则屏之，嘉则收之，不分町畽，尽为烟景。斯所谓‘巧而得体’者也。”巧于借景，就是说要通过对视线和视点的巧妙组织，把园外的景物“借”到园内可欣赏到的范围中来。

唐代所建滕王阁，借赣江之景，在诗人的笔下写出了“落霞与孤鹜齐飞，秋水共长天一色”的华丽篇章。岳阳楼近借洞庭湖水，远借君山，构成气象万千的画面。在颐和园西数里以外的玉泉山，山顶有玉峰塔以及更远的西山群峰，从颐和园内都可以欣赏到这些景致，特别是玉峰塔有若矗立在园内。这就是园林中经常运用的“借景手法”。

借景能拓展园林空间，变有限为无限。一座园林的面积和空间是有限的，为了扩大景物的深度和广度，组织游赏的内容，除了运用多样统一、迂回曲折等造园手法外，造园者还常常运用借景的手法，收无限于有限之中。借景因视距、视角、时间的不同而有所不同。常见的借景类型有以下几种。

（1）远借与近借。远借就是把园林远处的景物组织进来，所借之物可以是山、水、树木、建筑等。如北京颐和园远借西山及玉泉山之塔（图 3-16），避暑山庄借僧帽山、棒槌峰，无锡寄畅园借锡山（图 3-17），济南大明湖借千佛山等。

图 3-16　颐和园远借玉泉山之塔

图 3-17　寄畅园借锡山龙光塔之景

近借就是把园林邻近的景色组织进来。周围环境是邻借的依据。周围景物只要是能够利用成景的都可以利用，不论是亭、阁、山、水、花、木、塔、庙。苏州沧浪亭就是很好的一例。沧浪亭园内缺水，而临园有河，则沿河做假山、驳岸和复廊，不设封闭围墙，从园内透过漏窗可领略园外河中景色；园外隔河与漏窗也可望园内，园内园外融为一体。再如邻家有一枝红杏或一株绿柳、一个小山亭，也可对景观赏或设漏窗借取，如"一枝红杏出墙来""杨柳宜作两家春""宜两亭"等布局手法（图 3-18）。

图 3-18　红枫把两个被围墙分隔开的空间联系起来

（2）仰借与俯借。仰借是利用仰视借取的园外景观，以借高景物为主，如古塔、高层建筑、山峰、大树，包括碧空白云、明月繁星、翔空飞鸟等。如北京的北海借景山，南京玄武湖借鸡鸣寺均属仰借（图 3-19）。仰借视觉较疲劳，观赏点应设亭台座椅。

俯借是指利用居高临下俯视观赏园外景物。登高四望，四周景物尽收眼底，就是俯借。俯借所借景物甚多，如江湖原野、湖光倒影等（图 3-20）。

图 3-19　南京玄武湖仰借鸡鸣寺景观

图 3-20 黄山猴子观海俯视借景

（3）因时而借。因时而借是指借时间的周期变化，利用气象的不同来造景。如春借绿柳、夏借荷池、秋借枫红、冬借飞雪；朝借晨霭、暮借晚霞、夜借星月。利用一年四季、一日之时，由大自然的变化和景物的配合而成。对一日来说，日出朝霞、晓星夜月；以一年四季来说，春光明媚、夏日原野、秋天丽日、冬日冰雪。就是植物也随季节转换，如春天的百花争艳、夏天的浓荫覆盖、秋天的层林尽染、冬天的树木凋零，这些都是应时而借的意境素材。许多名景都是以应时而借为名的，如杭州西湖的“苏堤春晓”“曲院风荷”“平湖秋月”（图 3-21）、“断桥残雪”（图 3-22）等。

图 3-21 西湖“平湖秋月”—— 夜借星月

（4）因味而借。因味而借主要是指借植物的芳香，很多植物的花具芳香，如含笑、玉兰、桂花等植物。在造园中如何运用植物散发出来的幽香以增添游园的兴致是园林设计中一项不可忽视的因素。设计时可借植物的芳香来表达匠心和意境。广州兰圃（图 3-23）以兰花著称，每当微风轻拂，兰香馥郁，为园林增添了几分雅韵。

图 3-22　西湖“断桥残雪”—— 冬借飞雪

图 3-23　广州兰圃

（5）因声而借。自然界的声音多种多样，园林中所需要的是能激发感情、怡情养性的声音。在我国园林中，远借寺庙的暮鼓晨钟，近借溪谷泉声、林中鸟语，秋借雨打芭蕉，春借柳岸莺啼，均可为园林空间增添几分诗情画意（图 3-24）。

4. 善于框景

凡利用门框、窗框、树框、山洞等，有选择地摄取另一空间的优美景色，恰似一幅嵌入境框中的立体风景画称为框景。《园冶》中谓“借以粉壁为纸，而以石为绘也，理者相石皱纹，仿古人笔意，植黄山松柏，古梅美竹，收之园窗，苑然镜游也”。李渔于自己室内创设“尺幅窗”（又名“无心画”）讲的也是框景。扬州瘦西湖的“吹台”，即是这种手法。

图 3-24　拙政园“听雨轩”——借雨打芭蕉之音

框景的作用在于把园林绿地的自然美、绘画美与建筑美高度统一、高度提炼，最大限度地发挥自然美的多种效应。由于有简洁的景框为前景，可使视线集中于画面的主景上，同时框景讲求构图和景深处理，又是生气勃勃的天然画面，从而给人以强烈的艺术感染力。

框景必须设计好入框之对景。如先有景而后开窗，则窗的位置应朝向最美的景物；如先有窗而后造景，则应在窗的对景处设置；窗外无景时，则以“景窗”代之。观赏点与景框的距离应保持在框景直径的 2 倍以上，视点最好在景框中心。近处起框景作用的可以是树木、山石、建筑门窗或是园林中的圆凳、圆桌。作框景的近处物体造型不可太复杂，所选定远处景色要有一定的主题或特点，也比较完整，目的物与观赏点的距离，不可太近或太远。

框景的手法要能与借景相结合，可以产生奇妙的效果，例如，从颐和园画中游看玉泉山的玉峰塔，就是把玉峰塔收入画框之中。设计框景要善于从三个方面注意，首先是视点、外框和景物三者应有合适的距离，这样才能使景物与外框的大小有合适的比例；其次是“画面”的和谐，例如，透过垂柳看到水中的桥、船，透过松树看到传统的楼阁殿宇，透过洞门看到了园中的亭、榭等，都是谐和而具有统一的氛围；最后是光线和色彩，要摆正边框与景物的光线明暗与色调的主次关系（图 3-25、图 3-26）。

图 3-25　陶然亭公园

图 3-26　天坛成贞门北望祈年门

5. 妙在透景

透景是利用窗棂、屏风、隔断、树枝的半遮半掩来造景。一般园林是由各种空间组成或分隔的空间，用实墙、高篱、栏杆、土山（假山）等来进行。有的空间需要封闭，不受外界干扰，有的要有透景，要能看到外边的景色，相互资借以增加游览的趣味，使所在空间与周围的区域有连续感、通透感或深远感。

苏州很多庭园的漏窗就可看到相邻庭园的景色，有成排漏窗连续展开画面，好像一组连环画。北海静心斋中韵琴斋南窗正好在碧鲜亭北墙上，打开窗户正好望到北海水面上浮出的琼岛全景。除了这种巧妙的开窗透景以外，还可以借助两山之间、列树之间或是假山石之间，都可以巧妙地安排透景。

透景由框景发展而来，框景景色全现，透景景色则若隐若现，有"犹抱琵琶半遮面"的感觉，含蓄雅致，是空间渗透的一种主要方法。透景不仅限于漏窗看景，还有漏花墙、漏屏风等。除建筑装修构件外，疏林、树干也是好材料，但植物不宜色彩华丽，树干宜空透阴暗，排列宜与景并列；所对景物则要色彩鲜艳，亮度较大为宜（图 3-27）。

6. 隔景与对景

（1）隔景。中国古典园林多含蓄有致，忌"一览无余"，所谓"景愈藏，意境愈大；景愈露，意境愈小"。为此目的，中国园林多采用各种手法分割空间,使之园中有园、景中有景、湖中有湖、岛中有岛,园景虚虚实实、实中有虚、虚中有实、半虚半实,空间变化多样、丰富多彩。

图 3-27 花窗透景

凡将园林绿地分隔为不同空间、不同景区的手法称为隔景。隔景即借助一些造园要素(如建筑、墙体、绿篱、石头等)将大空间分隔成若干小空间,从而形成各具特色的小景点。中国园林利用多种隔景手法,创造多种流通空间,使园景丰富而各有特色;同时园景构图多变,游赏其中深远莫测,从而创造出小中见大的空间效果,能激起游人的游览兴趣。

隔景可以组成各种封闭或可以流通的空间。它可以用多种手法和材料,如实隔、虚隔、虚实隔等。高于人眼高度的石墙、山石林木、构筑物、地形等的分隔为实隔,有完全阻隔视线、限制通过、加强私密性和强化空间领域的作用。被分隔的空间景色独立性强,彼此可无直接联系。漏窗洞缺、空廊花架、可透视的隔断、稀疏的林木等分隔方式为虚隔。此时人的活动受到一定限制,但视线可看到一部分相邻空间景色,有相互流通和补充的延伸感,能给人以向往、探求和期待的意趣。在多数场合中,采用虚实并用的隔景手法(图 3-28),可获得景色情趣多变的景观感受。

(2)对景。对景即两景点相对而设,通常在重要的观赏点有意识地组织景物,形成各种对景。景可以正对,也可以互对。位于轴线一端的景叫正对景,正对可达到雄伟庄严、气魄宏大的效果。正对景在规则式园林中常成为轴线上的主景。如北京景山万春亭是天安门—故宫—景山轴线的端点，称为主景。在轴线或风景视线两端点都有景则称互为对景。互为对景很适于静态观赏。互对景不一定有严格的轴线，可以正对，也可以有所偏离。

图 3–28　虚实并用的隔景手法

互对景的重要特点：此处是观赏彼处景点的最佳点，彼处也是观赏此处景点的最佳点。如留园的明瑟楼（图 3–29）与可亭（图 3–30）就互为对景，明瑟楼是观赏可亭的绝佳地点，同理，可亭也是观赏明瑟楼的绝佳位置。又如颐和园的佛香阁建筑与昆明湖中龙王庙岛上的涵虚堂也是互为对景。

图 3–29　可亭看明瑟楼

图 3–30　从明瑟楼看可亭

7. 障景与夹景

（1）障景。在园林绿地中凡是抑制视线、引导空间的屏障景物叫障景。障景一般采用突然逼进的手法，视线较快受到抑制，有“山重水复疑无路”的感觉，于是必须改变空间引导方向，而后逐渐展开园景，达到“柳暗花明又一村”豁然开朗的境界，即所谓“欲扬先抑，欲露先藏”的手法。如拙政园中部入口处为一小门，进门后迎面一组奇峰怪石；绕过假山石，或从假山的山洞中出来，方是一泓池水，远香堂、雪香云蔚亭等历历在目。障景还能隐藏不美观和不求暴露的局部，而本身又成一景。

障景多用于入口处，或自然式园路的交叉处，或河湖港汊转弯处，使游人在不经意间视线被阻挡并被组织到引导的方向。障景务求高于视线，否则无障可言。障景常应用山、石、植物、建筑（构筑物）、照壁等，如图 3-31、图 3-32 所示。

图 3-31　树丛障景

图 3-32　照壁障景

（2）夹景。为了突出优美景色，常将左右两侧的贫乏景观以树丛、树列、土山或建筑物等加以屏障，形成左右较封闭的狭长空间，这种左右两侧的前景叫夹景。夹景是运用透视线、轴线突出对景的方法之一。夹景所形成的景观透视感强，富有感染力；还可以起到障丑显美的作用，增加园景的深远感，同时也是引导游人注意的有效方法（图 3-33）。

8. 点景与题景

（1）点景。点景即在景点入口处、道路转折处、水中、池旁、建筑旁，利用山石、雕塑、植物等成景，增加景观趣味（图 3-34、图 3-35）。

图 3-33　雕塑物和树丛夹景

图 3-34　点景——石头

图 3-35　点景——枯枝与石头的结合

（2）题景。中国的古典园林善于抓住每一景观特点，根据它的性质、用途，结合空间环境的景象和历史，高度概括，常做出形象化、诗意浓、意境深的题咏。其形式多样，有匾额、对联、石碑、石刻等。各种园林题咏的内容和形式是造景不可分割的组成部分，我们把创作设计园林题咏称为题景手法，它是诗词、书法、雕刻、建筑艺术等的高度综合。

题咏的对象更是丰富多彩，无论景象、亭台楼阁、一门一桥、一山一水，还是名木古树都可以给予题名、题咏。例如，济南大明湖的月下亭悬有“月下亭”三字匾额，为清代著名文学家、山东提督学政使阮元书；亭柱上楹联“数点雨声风约住，一帘花影月移来”，为清末大学者梁启超撰（图 3-36）。沧浪亭的石柱联“清风明月本无价，近水远山皆有情”，此联更是一幅高超的集引联，上联取自于欧阳修的《沧浪亭》，下联取自于苏舜钦的《过苏州》，经大师契合，相映成辉。这些诗文不仅本身具有很高的文学价值、书法艺术价值，而且还能起到概括、烘托园林主题、渲染整体效果，暗示景观特色、启发联想，激发感情，引导游人领悟意境，提高美感格调的作用，往往成为园林景点的点睛之笔。又如颐和园万寿山、知春亭、爱晚亭、南天柱、迎客松、兰亭、花港观鱼、纵览云飞、碑林等。题景手法不但点出了景的主题，丰富了景的欣赏内容，增加了诗情画意，给人以艺术联想，还有宣传装饰和导游的作用。

图 3–36　月下亭的亭柱联

三、饮食旅游文化资源的开发

饮食文化是一种重要的人文旅游资源，但和自然美景、文化名胜等传统旅游吸引物相比，其吸引力受距离影响相对较大，也即随距离的增加其吸引力加速衰减。在开发饮食文化资源时，要客观看待其地位和作用。饮食文化资源只是旅游吸引物之一，尤其对中长线游客而言，饮食文化一般并不是其出游的主要动机，因此必须要强调旅游资源之间的有机契合。在现阶段开发饮食文化游专线产品，也应主要面向中短途旅游者，将之作为一种特殊的休闲旅游产品。在上述认识的基础上，对中国饮食旅游文化资源的开发提出如下思路。

第一，加强区域旅游合作，实现饮食文化资源的合理开发利用。饮食文化丰富的旅游地区要着眼于本地的饮食文化旅游资源,加强与外界周边地区的交流,例如可以和周边拥有同类饮食文化旅游资源的地区联合举办一些饮食文化节。例如,合肥每年都会举办隆重的小龙虾美食节,并因此吸引了一批又一批的游客纷至沓来,既宣传了合肥当地的小龙虾美食文化,同时又通过文化的吸引力促进了当地经济的发展。

第二,推出饮食文化旅游专线产品。随着社会经济的发展,旅游活动具有了频繁消费和追求舒适享乐的特点,加之法定假日的调整,短途休闲旅游在旅游经济中所占的地位将越来越重要。区内游客对周边的景观一般都较为熟悉,与外地游客相比,他们更注重旅游过程中的休闲和享乐,而对纯粹的观光兴趣不大。北京的簋街就是一个典型例子。

第三,在现有旅游资源之中添加饮食元素。改造现有观光游产品,引入与饮食文化有关的项目。除开展传统的游览活动外,还可以让游客品尝地方美食、参观学习饮食制作技艺、了解相关的民间传说与历史文化名人事迹,少数民族风情等。让旅游者既享受了美味,又可以深入地了解当地的历史文化,也增添了旅途中的乐趣,同时使游客加深对此次旅游活动的印象。

第四,大力开发饮食类产品。在开发时,首先要突出地方特色,力争做到“人无我有,人有我优”。其次要加大宣传力度,狠抓产品质量,注意培育品牌。最后,应加强与文化的联系,通过各种渠道宣扬与地方特产有关的名人典故、民间故事,以借助名人的影响力。这一点,各个地方都有经典的案例。就北方来说,有北京烤鸭、京八件、天津麻花等。

第五,适当兴建美食文化街。地方政府可以做好规划,筹措、引进资金,兴建针对外地游客的美食文化街。同时积极与旅行社合作,开展品尝当地美食的旅游项目。这样既能丰富游客的旅游经历,也能促进地方的经济发展。

第六,做好旅游餐饮企业的监督管理工作。饮食产品的质量事关旅游者的安全与健康,有关部门首先应对餐饮企业进行严格的监管。其次，加强旅游餐饮从业人员的管理工作，对他们适当培训，提升其服务意识与技能。最后，要规范旅游餐饮市场的竞争秩序，避免因经营者之间无序竞争而损害旅游地形象的情况发生。

四、乡村旅游产品开发

乡村性是乡村旅游最为显著的特点。无论是作为旅游吸引物还是作为乡村旅游的载体，乡村环境、村舍组织、乡村生活和田园风光在乡村旅游中都有举足轻重的意义。乡村性说明，乡村旅游是属于乡村的、是以乡村景物为旅游吸引物的、生产活动是乡村化的、旅游者以在旅游过程中暂时农民化或者体验农民生活为快感源泉和旅游目的。

乡村旅游的环境区别于城市的人工绿化，体现出原汁原味的原生环境美，都市居民选择到乡村旅游，是要逃脱日常生活的城市喧嚣，放松心情，寻求返璞归真的舒适感。乡村地区一方面人口密度小，另一方面，没有现代工业造成的种种污染，保留一种安然、宁静、惬意的田园式的生活方式，为都市人营造出截然不同的生存环境。

人们对乡村生活和乡村旅游的兴趣，很大程度上是因为它所具有的体验性。乡村旅游不仅是单一的观光游览项目，它还是包含观光、娱乐、康疗、民俗、科考、访祖等在内的多功能复合型旅游活动。乡村旅游开展的各种类型的旅游项目具有很强的亲和力和参与性，游客可通过直接品尝农产品（蔬菜瓜果、畜禽蛋奶、水产品等）或直接参与农业生产与生活实践活动（耕地、播种、采摘、垂钓、烧烤等），从中体验农民的生产劳动和乡村的民风民俗，并获得相关的农业生产知识和乐趣。

乡村旅游资源大多以自然风貌、劳作形态和传统习俗为主。农业生产各阶段受水、土、光、热等自然条件的影响和制约较大，因此乡村旅游具有明显的季节性。另外，由于自然环境和文化传统的差异,不同地域的乡村的农业生态、文化景观风格各异,而乡村旅游资源多样的景观风貌,可以更好地满足不同游客的需要。

乡村旅游的旅游设施、旅游服务应具有比较浓厚的地方特色、乡村特色、民族特色,旅游开发较多借用原有设施、建筑,体现当地特色,成为旅游吸引物的一部分,同时便于快速启动。

乡村居民的生活方式、习惯、思想、习俗等也是乡村独特的旅游资源。传统服饰、地方餐饮、民间工艺、节庆活动都对旅游者具有吸引力。

五、宗教旅游文化的开发利用

宗教旅游文化资源是一种信仰资源,是和人们的生活相关的思想理论,具有自己独特的世界观、人生观和修行观。宗教旅游文化的思想理论还充满着生活的智慧,让人们能以一种超脱的态度来认识和理解人生和社会的各种问题,促使人们在面对这些问题时不再执着,有所觉悟,超然面对,从而获得内心的宁静、自由和自在。这种生活智慧在一定意义上是当今社会人们的精神财富。宗教旅游文化的一个突出作用就是它的道德教化功能。宗教通过其超越个人此世今生的思想和修行以及善恶报应观念的训诫,对信仰者产生巨大的道德教化引导作用。这在客观上对整个社会具有积极而重要的道德净化和提升作用。

在今天的中国,宗教所包含的观光旅游资源各具特色,丰富多彩,尤其是佛教和道教所具有的观光资源更是独步世界,琳琅满目。这些宗教旅游观光资源不仅可以给人以新的感受和享受,更能陶冶人的身心,给现代人紧张的生活以调节,促进人的身心健康。

截至目前,我国宗教文化旅游现已形成了一些著名旅游项目,宗教旅游文化开发利用呈现出多样化的态势,形成了融合宗教建筑、宗教节庆、宗教研学、宗教养生等多种宗教资源和产品于一体的旅游项目。因宗教旅游文化的特殊性以及一些政策、市场及管理等方面的原因,宗教旅游文化开发中也存在诸如认识不深、开发商业性过浓、保护不当、产品老化等问题,需要进行合理协调处理各方矛盾,正确认识宗教的客观存在现象,综合考虑宗教组织、信徒等合理的精神信仰,进而对宗教旅游文化资源利用开发规范管理,严除愚昧的宗教利用活动,确保科学正确的开发方向。

(一)宗教旅游文化资源开发的基本途径

开发宗教旅游文化资源的第一个也是最为重要、最为根本的途径和方法是持守健康的宗教信仰。因为所有宗教旅游文化资源都是宗教信仰的伴生物,都是在信仰的基础上存在的,而且它们也只有在宗教信仰中才具有生命力和活力。离开了宗教信仰,宗教旅游文化资源就会失去它的基础和根本,就会失去它赖以生存的土壤和环境,这种情况下的宗教旅游文化资源开发也不可能呈现和发挥出它本有的价值。所以要使宗教旅游文化资源得到良好的开发运用,最有效的途径和方法就是持守健康的宗教信仰,并通过宗教信仰事业的健康发展来带动宗教旅游文化资源的开发。

宗教旅游文化资源开发还有一个重要的途径和方法就是大力发展宗教公益慈善事业。通过建立公益慈善组织,激发宗教界和社会各界的爱心,将更多的社会资源吸引到公益慈善事业上来,使更多的人得到关爱和帮助。可以说,在当前,大力发展宗教公益慈善事业既是和谐社会建设的需要,也是宗教本身的需要,因为宗教精神和价值的体现绝不仅仅是在宗教活动场所的讲经说法,更应该体现在对社会大众的关爱和帮助中,而最好的方式就是发展宗教公益慈善事业,将宗教信仰所激发的爱心体现在对人们的关心和帮助上。事实上,世界各国的情况都显示,宗教对社会贡献的一个基本途径就是普遍开展各项公益慈善活动,而宗教组织和信仰者也构成了社会公益慈善事业的中坚力量。

开发宗教旅游文化资源还可以借助宗教的养生保健资源发

展宗教文化养生事业。宗教不仅具有不少合理科学的养生保健理论,而且还具有丰富有效的养生保健方法。特别是道教,其养生保健资源更是科学合理、实用有效,为人们提供了一套完整的养生保健体系,值得大力开发。

丧葬祭祀文化本质上是一种宗教文化,离开了宗教,丧葬祭祀就只剩下对死者躯体的技术处理,因而也就降低了它的慎终追远的追思、纪念、送行意义。在很长时期内,丧葬祭祀文化是人类文化活动的重要组成部分,这正是宗教为社会提供服务的重要形式。所以,宗教界可以通过相应的宗教性丧葬祭祀文化服务,满足人民群众的需要。

(二)宗教旅游文化资源开发应坚持的原则

首先,宗教旅游文化资源开发应以弘扬健康的宗教精神和价值为宗旨。宗教旅游文化资源开发应以宗教组织和宗教信仰者为主体,以宗教事业为根本依托,以弘扬健康的宗教精神和价值为根本宗旨。宗教旅游文化资源开发不应该是宗教旅游文化资源的外部运用,而应该是宗教事业发展的自然结果。事实上,要使宗教旅游文化资源成为当今社会取之不尽的精神源泉,就必须有宗教事业作为依托,这样,宗教旅游文化资源才是具有现实承载基础的文化存在,而不会是一种虚幻的空中楼阁,它也才有活水源头,才有现实生命力和现实魅力。所以,开发宗教旅游文化资源必须以宗教组织为主体,以弘扬健康的宗教精神和价值为根本宗旨。事实上,只有通过宗教界的努力,使宗教事业得到健康发展,宗教旅游文化资源也才有可能成为真正有价值的精神资源,其文化资源的真正意义和价值也才有可能有效地开发出来。那种以为可以不依托宗教组织和宗教信仰者,脱离宗教事业,而仅仅依赖一些外在的捷径就可以有效地开发宗教旅游文化资源的想法是幼稚错误的,按这样的思路来开发最终也是不可能成功的,甚至会损害宗教,损害宗教旅游文化资源,甚至把它变成一种负面的文化资源。

其次,避免宗教旅游文化资源开发中容易出现的商业化和功利化倾向。宗教旅游文化资源开发应严格按照宗教的精神和价值进行,坚决避免商业化和功利化倾向。宗教旅游文化资源开发从根本上说是宗教精神和价值的弘扬,而不仅仅是宗教现实资源的功利运用。所以宗教旅游文化资源的开发必须遵循宗教的精神和价值进行,以弘扬宗教精神、服务大众为根本宗旨,避免将其作为一种单纯盈利的商业活动。宗教旅游文化资源开发只能在宗教精神和价值的弘扬中自然地带来现实利益,而不是人为地去追求现实利益。如果把宗教旅游文化资源的开发看成是宗教旅游文化资源的功利运用,变成一种纯粹的商业活动,最终必然会演变成一种利用宗教,消耗宗教,最终损害宗教的活动,从而使宗教旅游文化资源开发成为一种短期的、无持续性的破坏性开发。这是宗教旅游文化资源开发中最应该避免的倾向。

最后,宗教旅游文化资源开发应把继承和保护放在第一位。宗教旅游文化资源是宝贵的历史资源,有许多是具有历史的唯一性和不可再生性的资源,这些资源首先必须继承和保护好,所以宗教旅游文化资源开发应坚持在继承保护的基础上进行开发,尤其是许多有形的独特资源更是如此。如果我们不尊重它,不保护它,而是毫无顾忌地开发运用,必然导致它的被消耗、被损伤、被破坏,甚至导致它的消失。这种状况是我们所不愿看到的,也是绝不能允许的。正因为如此,宗教旅游文化资源的开发应坚持继承和保护为先的原则,先原原本本地将宗教旅游文化资源继承保护下来,在不损害、不改变的前提下进行资源的开发运用。如果有可能导致资源的损害和破坏,宁愿暂时不开发,除非找到有效的保护方法和机制。不能提倡先开发再保护或在保护中开发,特别要警惕开发建设中所带来的对传统宗教旅游文化资源的破坏,更要坚决避免为了短期利益而进行的破坏性开发。

第四节　旅游景观的保护

一、山水文化更要注重保护

首先,山水文化的形成是一个长期的不断创造的过程。在其形成和发展中,不仅注入了丰富的历史文化内容,体现出人类文明的演进过程,而且是一种精神价值,是人与自然之间建立起来的亲善而又和谐关系的特殊体现。人们对山水的审美需求和审美能力的发展,在山水文化形成过程中的意义不可估量。在这个基础上,游览山水之风日渐兴起,以山水为表现对象的文学艺术也应运而生。从哲学意义上说,山水文化就是人化的山水,是人的本质力量对象化的结晶。山水的人化,使山水符合人的需求,从而打上人的印记,包括实用的、认知的、宗教的、审美的层面,它们之间相互联系,彼此制约,或使山水改变面貌,或使山水人情化,或使山水艺术升华,孕育出多种多样的山水文化现象。发现和开发丰富的山水文化当是我们义不容辞的义务和责任。

其次,保护山水文化的原生态,批判杜撰名胜的倾向。若就自然山水而言,杭州西湖较之武汉东湖要逊色许多,但在"十大风景名胜评选"活动中,东湖却榜上无名。推其缘故,不过因为西湖的人文古迹比东湖丰富罢了。从旅游者的流向倾向分析,也是看古迹的多于看山水的。这种情形直到最近几年才有所转变。西方世界除了珍视本国固有文明外,对了解外部世界存有浓厚的兴趣。殖民者在征服其他国家时,往往不远万里把别人的名胜古迹移植到自己的国家,如近几年中国的园林在美国反复被复制。当代中国景观中虽有少量的"世界公园""世界之窗",但多为微缩景观,而传统旅游中的形形色色的仿古园、仿古街、仿古城,如雨后春笋般蓬勃兴起,像香港的宋城,西安的唐城,上海的大观园,河北的宁国府,山东阳谷县的狮子楼,梁山县的忠义堂,武汉的黄鹤楼、晴川阁等都较有影响。更有今人着古装的仿古旅游活动、怀古庆典活动,这一股仿古风的出现并且历久不衰,其实是中国旅游文化的深层传统,即尚古传统在国民行为中的表现。

必须重视并解决这一杜撰名胜的倾向,古人的游记作品就是作者对名胜的古代文化遗迹加以追根溯源以后的介绍。西汉著名史学家、文学家,同时也是伟大的旅行家司马迁,在漫游大江南北、黄河内外的旅途中,对于中华民族历史上的著名古战场,著名军事家、政治家、思想家、文学家出生和活动的地方,也分别在《史记》这部皇皇巨著中加以生动的描绘和浓厚的抒情。司马迁曾随汉武帝登封泰山,我们从《史记·封禅书》中可以清楚地看出,他对于汉武帝以前历代帝王的封禅活动,以及留存下来的遗迹曾用极大的热情予以记载和描述,其中有些翔实,有些分明讹传,有些连蛛丝马迹都谈不上,但过后人们常以《史记》为据,杜撰山水名胜,但人们不以为假,反认为杜撰者功德无量,于是以虚代实,以假乱真,张冠李戴,“假作真时真亦假”。但造假中都有地方保护,热衷纵向继承、轻视横向移植的观念,这也情有可原,因为在没有文化遗迹的地方,即使拥有再好的自然风光,也不会受到多数中国人的喜爱。

二、民俗文化旅游环境保护的手段

(一)民俗文化旅游环境保护的经济手段

民俗文化旅游环境保护的经济手段是指国家或主管部门,运用价格、工资、利润、信贷、利息、税收、奖金、罚款等经济杠杆和价值工具,调整各方面的经济利益关系,把企业的局部利益同社会的整体利益有机地结合起来,制止损害民俗文化旅游环境的活动,奖励保护民俗文化旅游环境的活动。

（二）民俗文化旅游环境保护的行政手段

行政手段是指各级政府及有关主管部门根据国家和地方所制定的环境保护方针政策、法律法规和标准，依靠行政组织，运用行政力量，按照行政方式来管理旅游环境的方法。

1. 行政手段的必要性

（1）旅游市场经济发展的需要。我国建立的市场经济是国家宏观调控和干预的市场经济。市场经济越发达，越需要政府的宏观调控。以生态旅游区规划为例，在整个规划过程中，各项工作如立项、审查、批准经费、研讨规划方案等都离不开政府行政组织的管理。如果发生了破坏生态旅游环境的行为，还需要通过政府行政组织下达命令，予以强制性的制止、制裁和治理。由此可见，政府行政组织在旅游环境保护中起着关键性的作用。

（2）旅游市场管理的需要。对旅游市场进行管理是杜绝资源盲目开发、商业设施建设无序、开发竞争不公平等的必要手段。所以，为了社会安定，旅游环境得到保护，政府必须行使管理职权，规范各种旅游开发和市场行为。如果放任自流和不加管制，诸如赌博、卖淫等不良现象便会泛滥并毒化社会，社会的安定将会受到威胁。

（3）旅游资源所有权的需要。旅游资源的财产所有权归国家所有，理应由国家统一管理，政府的职能之一就是代表国家有效行使管理国有旅游资源财产的权力。所以，对旅游资源进行管理，必须由政府进行宏观规划与控制，并协助其他部门和企业做好旅游环境的保护工作。

2. 行政手段的具体形式

（1）行政政策、措施、倡议等形式。为了整治城市环境，荷兰首都阿姆斯特丹市政府实施了一套有效政策，包括减少汽车停车泊位，禁止汽车在某些街道行驶等。该市新的设想是开办自行车出租业务，将自行车涂上白色，以低廉价格供市民租用。这些政策的实施，使骑自行车出行成为时尚，极大地改善了城市的环境卫生状况。

奥地利萨尔茨堡州政府为了当地旅游业的可持续发展，制定了严格的限制和控制不利于当地旅游环境保护的旅游行为的政策，如“限制性旅游发展原则”和“绿色市场营销规划”。主要内容包括：控制各种旅游设施的扩建；减少使用私人交通工具；支持和鼓励具有环境意识的行为。

（2）行政决定、通告等形式。这类行政命令、通告等，基本上是由环境与资源的主管部门及相关部门单独发布或由有关部门联合发布的。其主要目的是针对旅游业运行过程中出现的环境问题，有针对性地提出若干原则要求和具体对策，为游人和旅游经营者创造良好的旅游环境和经营环境。

（3）政府举办有关旅游环境保护的评选活动。国家旅游局于1995年3月15日发出《关于开展创建和评选中国优秀旅游城市活动的通知》（旅管理发〔1995〕46号），拉开了创建中国优秀旅游城市的序幕。通过创优，各城市会更加珍惜本城市的旅游资源，更重视旅游的规划和建设，打造城市的旅游品牌，进一步推动旅游业的发展。至2006年年底，“中国优秀旅游城市评定委员会”共分6批命名中国优秀旅游城市：第一批54座（1999年）、第二批67座（2000年）、第三批16座（2001年）、第四批45座（2003年）、第五批23座（2004年）、第六批24座（2006年），总计229座。①

（4）专项整治。专项整治是指有关部门对某一严重影响旅游人文社会环境的问题进行专门的集中整顿治理。比如，泰国旅游胜地帕塔亚为解决卖淫问题，采取了一些措施进行专项治理并制定了关于限制卖淫管理条例。综合治理是指旅游、园林、公安、工商、建设、交通、物价等若干部门，齐抓共管，密切合作，重点在

① 孙克勤．旅游环境保护学[M]．北京：旅游教育出版社，2010.

宾馆、码头、车站、景点、购物点等处,制止旅游业存在的违法违章行为,维护旅游市场的正常秩序。我国对市场的综合治理,包括对黑社、黑导、扰客等的打击,取得了很好的效果。

（三）民俗文化旅游环境保护的法律手段

民俗文化旅游环境保护的法律手段是利用各种涉及旅游资源与环境保护的有关法律、法规来约束旅游开发者和旅游者的行为,以达到对民俗文化旅游环境进行保护的目的。

1. 法律手段的内容

民俗文化旅游环境保护的法律手段,主要包括旅游资源法和旅游环境法。

（1）旅游资源法。旅游资源法是调整人们在旅游资源的开发、利用、管理和保护过程中所发生的各种社会关系的法律规范的总称。旅游资源法一般包括国家公园(风景名胜区)、自然保护区、文物古迹保护、海滩管理、游乐场管理、野生动植物资源保护等方面的法律、法规和规章制度等。

（2）旅游环境法。旅游环境法是环境法的重要组成部分,环境法规定的保护范围包含了旅游环境法的保护范围。

2. 法律手段制定的目的

法律的制定和实施总是要达到特定的目的。立法的目的性,决定某种法律调整的方向,决定采取什么政策、措施和制度。概括来说,民俗文化旅游环境保护的法律手段的目的主要包括以下几个方面。

第一,防止民俗文化旅游资源及环境遭到破坏。

第二,确保在开发和建设的过程中能够合理地利用旅游资源和保护好旅游环境。

第三,为旅游者提供优美的旅游环境,以保证旅游业的可持续发展。

3. 法律手段的作用

（1）可以明确奖惩办法。《中华人民共和国环境保护法》第八条规定："对保护和改善环境有显著成绩的单位和个人，由人民政府给予奖励。"这是对旅游环境保护给予奖励的最基本的法律依据。

除了奖励之外，对污染、破坏旅游环境的行为和活动还要进行一定的惩罚，包括罚款和赔款。罚款和赔款从法律角度来讲都属于民事责任的范畴。不过，奖励是一种肯定的法律后果，而惩罚是一种否定的法律后果。

旅游环境法律中明确规定哪些行为应该给予奖励，哪些行为应该给予惩罚，污染和破坏环境情节比较严重的行为和活动，还要依据刑法的规定，追究有关单位和个人的刑事法律责任。

（2）可以科学合理地开发和利用旅游资源。在旅游环境保护法律中，一般都对旅游资源的开发原则、开发单位以及开发规划的确立和审批程序有所规定。这些规定明确了科学合理地开发和利用旅游资源的方向，以达到持续利用旅游资源、保护环境的目的。

（四）民俗文化旅游环境保护的科技手段

民俗文化旅游环境保护的科技手段包括数学手段、物理手段、化学手段、生物手段和工程手段等。人们利用和发挥这些手段各自的优势，将它们单一或组合起来使用，以达到保护环境的目的。

1. 数学手段

数学手段是指运用数学中的数字、模型、公式、图表等形式，来表示旅游环境被污染和破坏以及旅游环境的发展变化趋势等情况，为旅游环境保护提供科学的依据。例如，可以利用公式和模型来计算旅游环境容量；可以利用数字和图表来表示旅游环境质量状况。

2. 物理手段

物理手段是指通过某些设备和方法等的物理作用,达到处理污染物和保护环境的目的。物理手段在大气环境的保护中较为常见,气态污染物种类繁多,可以利用分离法对其进行治理。分离法是利用污染物与废气中其他成分的物理性质差异使污染物从废气中分离出来的方法,如物理吸收、物理吸附、冷凝法及膜分离等。此外,物理手段也经常用在对废气、污水、噪声、恶臭等进行处理时。物理方法还可用于野生动物的保护。例如,可以给一些野生动物戴上无线电跟踪装置,利用特殊的侦察器收集偷猎者的有关信息。我国为了保护珍稀水生生物,1993 年 10 月在湖北省石首市天鹅洲白鱀豚自然保护区给江豚佩戴无线电标志,获得了成功,取得了很好的效果。

3. 化学手段

化学手段是利用化学物质与污染物的化学反应,改变污染物的化学性质或物理性质,使污染物从溶解、胶体或者悬浮状态转变为沉淀或漂浮状态,或者从固态转变为气态,最后使其减少、消失或变为其他物质的一种方法。化学手段在大气环境的保护和水体环境的保护中也经常可以用到。沉淀法、中和法、混凝法、氧化还原法等都是常用的化学处理方法。

4. 生物手段

生物手段是指通过利用植物、动物、微生物本身特有的功能,达到监测、防治环境污染和破坏以及绿化、美化、净化和香化旅游环境的作用。

生物包括植物、动物、微生物等,它们能为人类提供生物资源和生态环境两方面的宝贵财富。生物资源包括建材类、药物类、食物类、工业原料类、燃料类等各种资源,而且还可以为人类提供价值更多的生态环境。需要引起重视的是,生物还具有造氧、杀菌、净化空气、医疗保健、减弱噪声、监测环境等方面的生态功能和环境保护功能。

5. 工程手段

工程手段是指建造或利用围墙、堤坝、沟渠、桥、梯等各类建筑物，以达到保护旅游资源及环境的目的。工程手段既可以用于对文物古迹进行保护，防止文物古迹被污染和破坏，也可以用于对野生动物的保护。例如西雅图城东的华盛顿湖，每年有50万条鲑鱼从城西的海湾洄游，跳上鱼梯，进入运河，回到华盛顿湖，然后再回溯到自己诞生的浅水溪里产卵，最后死在故乡。这50万条鱼的鱼肉价值上亿美元，吸引无数的渔船和观光客。这里的法律规定，鲑鱼一旦回到了小溪，任何人都不允许去碰它。因为它们千里万里地回到了故乡，不吃不喝地赶路，就是为了要产卵。因为西雅图雨多，淡水水位高，很多鱼因而回不到家乡，于是人们就建造了一个大型工程——鱼梯，帮助鲑鱼顺利返家。

（五）民俗文化旅游环境保护的宣传教育手段

宣传教育手段是指通过现代化的新闻媒介和其他形式，向公众传播有关旅游环境保护的法律知识和科技知识，以达到教育公众，提高其环境意识，进而保护旅游环境的目的。宣传教育手段的措施主要包括以下几个方面。

1. 学校教育

在中小学阶段的学校教育中，可以通过历史、地理、数学、物理、化学、生物等课程，让学生掌握有关环境保护的基础知识。

在大学甚至更高阶段的教育中，可以通过课堂教学和课外活动，强化学生的环境保护意识，另外，还应该加强学生的专业素质教育，以便将来更好地发挥专业人才的特长，直接为保护旅游资源和环境贡献出自己的力量。

2. 夏令营

夏令营大多是由单位或团体在暑假中组织的、主要由青少年参加的一种集体活动。因此,开展夏令营是向青少年宣传环境保护知识、提高青少年环境意识的有效手段。

3. 新闻媒介

电视台、电台、报纸、网络、杂志等都属于新闻媒介。新闻媒介有很强的舆论监控、教育宣传功能,主要表现在以下几方面。

第一,新闻媒体可以宣传在环境保护工作中作出贡献的单位和个人。

第二,新闻媒体可以对破坏生态环境的行为以及违反保护环境法律法规的单位和个人进行披露。

通过新闻媒介强大的舆论监督、教育宣传功能,公民能够更加了解国家有关环境保护的法律法规和常识,环保意识也因而得到提高。

4. 生态旅游

生态旅游是环境保护教育中的一种非常重要的形式。这不仅能促进各参与方在对环境保护的核心价值的认识方面达成共识,还给旅游者留下身临其境的参与感和具有启发性的经历,使他们在大自然的环境中接受环境保护教育。

除了以上主要措施外,组织关于旅游环境保护的知识竞赛也是带动人们学习环保知识的有效方式。

第四章　旅游景观的规划与设计

旅游景观规划设计是以旅游景观为对象进行的空间布局和创意，以营造优化宜人的环境、吸引游客为目的，并最终实现旅游景观的生态化、实用化和形象化。对于自然风景名胜旅游区景观规划设计，更应该突出对旅游景观的永续维护和利用，从空间时间上，加强游览者与自然、文化的内在联系和交流，从而真正实现个体景观群体与整个自然环境、人文环境的融合。

第一节　旅游景观设计的基础理论

一、旅游学

旅游学是全面研究旅游的内外条件、本质属性、运行关系、发生发展规律和社会影响的新兴学科，它以旅游所涉及的各项要素的有机整体为依托，将旅游作为一种综合的社会现象，以旅游运作过程中旅游者活动和旅游产业活动的内在矛盾为核心进行研究。

1. 旅游拥有生理、审美、社会三大本质

（1）生理本质。旅游活动是建立在一定的物质条件基础上的，是物质生活条件达到一定水平和层次之后对精神享受的追求，是一种高层次的精神文化活动。

（2）审美本质。审美，就是人们对美的事物的观赏、欣赏，为美的事物所陶醉，从而满足人们精神享受的需要，达到身心畅快的目的。旅游活动的真正目的是追求审美、享乐、身心自由的愉悦。

(3)社会本质。旅游活动构成的小社会,与日常社会有着很大的不同,是一种偶然的、自由的、非功利的组合,是一种积极健康的社会交往模式。

2. 旅游具有经济、社会、政治、文化四大属性

(1)经济属性。旅游尤其是现代旅游与经济有着十分密切的关系,从某种角度来看,旅游的规模、内容、方式和范围由经济发展的水平决定,旅游的发展又促进着社会的进步和经济的繁荣。

(2)社会属性。旅游是一种社会现象,在不同社会时期,旅游现象具有不同的特点。

(3)政治属性。旅游业的发展,旅游活动的正常开展与一个国家的政治有着十分密切的关系,只有在稳定的政治环境中旅游业才会有很好的发展。此外,旅游能促进不同地区、不同民族、不同国家之间的交往,有利于加深国家和民族之间的相互了解,有利于改善国际关系和促进世界和平。

(4)文化属性。旅游是人类在基本生存需要得到满足后产生的一种精神文化追求,包括休闲、追求体验、新知等,是人类社会的一种文化现象。

二、旅游规划

旅游规划,就是某地区对于旅游业未来全面发展的系统安排和计划,是资源与市场的匹配,是对旅游产品的生产与交换的系统构想,它以客观的调查与评价为基础,通过一系列方法寻求最佳决策,以实现经济效益、社会效益和环境效益最大化。国际上对旅游规划有着这样的定义:旅游规划是指以旅游资源为基础,依据旅游发展规律和市场特点,对旅游资源和社会资源进行优化配置,并合理筹划旅游发展的过程,是旅游业发展全面的、长远的计划和行动方案。

在我国,对旅游未来发展全面而系统的旅游规划始于改革开放之后,起步较晚,经历了资源导向型的旅游规划、市场导向型的旅游规划、生态导向型的旅游规划三个阶段。而旅游景观设计是运用技术手段、设计方法,来表达旅游规划思想。不管是旅游规划还是景观设计,其成果最终都要走向市场,为经济发展服务,可以说旅游规划和景观设计是同一个项目推向市场的两个不同"驱动力"。

旅游开发与规划主要分为旅游区域规划和景区规划两部分,景观设计是旅游景区规划重要的组成部分,可以使规划更具实践性和操作性,二者之间的关系如图 4-1 所示。

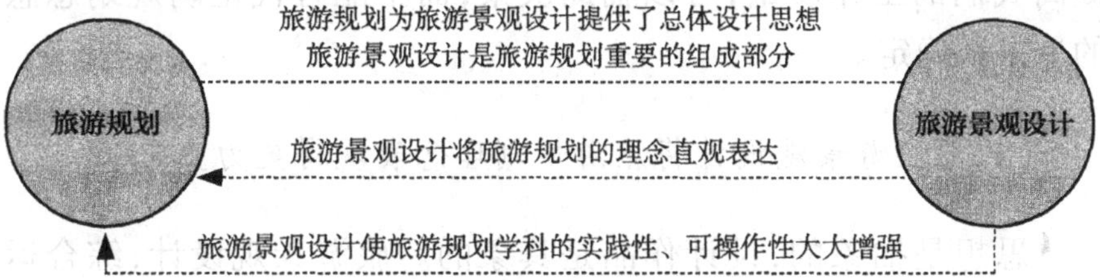

图 4-1 旅游规划与旅游景观设计的关系

(一)旅游景观设计加强了旅游规划学科的实践性

旅游规划与景观设计互有交集,二者呈现出一种相互促进和相互联系的状态。具体表现在:旅游景观设计,为旅游规划提供最适宜该地点的景观改造和特色亮点方案,为旅游规划提供最合适的项目支撑;而旅游规划为景观设计的成果最好地推向市场,同时监督景观设计的游客反应和对现在和未来的市场项目开发做出预测,更好地对整体的风景园林规划起到监督和反馈作用。

(二)旅游景观设计是旅游规划重要的组成部分

旅游景观设计是旅游规划设计过程中必须涉及的一个重要方面,旅游规划设计所创造的艺术形象应具有连续的时空动态性,这就要求所规划设计的地形、水体、建筑、植物等客体不但具有空间体量感，而且能随着时间的推移，产生晨昏各异、冬夏不同的各种景象，以及当景物与观赏者之间的相对位置发生变化时，能产生步移景异之效果。

（三）旅游规划为旅游景观设计提供了总体理念及市场导向

旅游规划总体格局的划分、市场定位等，是旅游景观设计的重要指导思想，为旅游景观项目、节点设计以及主题创意提供正确的指导方向，从而设计出旅游者喜闻乐见的景观作品。吴良镛教授指出，要做好规划工作，就必须加强对规划哲学和方法论的思考，努力提高认识问题的自觉性……技术毕竟是工具，它可以提高我们的工作质量，可以辅助决策，而不能替代正确规划思想的追求与确定。

（四）旅游景观设计将旅游规划理念表现得更为直观

思想是抽象的，设计作品是具象的。旅游景观设计，综合运用地形、植被、水体、景观建筑、景观小品、铺装要素，使用丰富的设计手法，将旅游规划的思想直观表达出来。旅游景观的节点效果、景观布局等，加强了旅游规划思想的视觉冲击力，使旅游形象得到更加直观的表达。

第二节 旅游景观设计的依据

一、旅游景观规划设计的功能定位原则

（一）文化原则

成功的旅游景观设计，其文化内涵和艺术风格或具有鲜明的地域特色，或具有特殊的民俗风情。可以说，旅游本身是一种文

化活动，因而旅游景观要想拥有长久的生命力，就应该以其特定的文化内涵满足游客的心理需要。因此，在旅游景观设计过程中，首先要在对旅游资源进行调研、评价的基础上确定其核心文化，进而进行下一步的旅游景观设计。在设计中应该注意，每个景观要素的设计及其相互之间的有机协调，应该围绕主题文化展开。

文化景观包括社会风俗、民族文化特色、人们的宗教娱乐活动、广告影视以及居民的行为规范和精神理念，如有特色的文化习俗、艺术及手工艺，有趣的艺术形式——戏剧、音乐节、舞蹈表演等活动，有趣的经济生产活动——农耕、茶道、捕鱼等。

文化吸引物旅游资源是人类历史与文化的智慧结晶，规划设计需对物质形态的文化吸引物进行合理的引导和开发建设。比如对风景建筑景观的设计要注意对当地民俗及风土环境等文化内涵的研究，注意从地方民居中汲取精华，从文化学的角度来探讨风景建筑的文化归属，从而找出其创作的着眼点，设计出得体于自然、巧构于环境的风景建筑。同时，注意文化内涵的最佳表现和参与性动态旅游景观的设计，使游客在亲身感受中体会文化的精髓。而文化吸引物资源中的非物质形态部分同样是旅游发展的潜在吸引力，在规划设计中要给予明确的引导，以便进行整体旅游展示内容的策划。

因此，在设计中不仅要尊重民俗土风、注重保护传统人文景观特色，还应当将现代文明融入其中，创造与环境和谐的新景观，而不是试图改变原有生活内容。

（二）心理原则

景观规划设计的最直接目的是通过对景观的审美价值、文化价值的提升，使其更好地服务于旅游者，以实现其经济效益，因而能否抓住大众旅游者的消费心理将影响这种服务的质量和回报率。旅游景观设计要想赢得人心，就应该在设计时站在一个具体人的角度进行思考，充分顾及人的心理需求，使设计做到“人性化”。

一方面,如果旅游者是短期度假旅游,其诉求就与传统观光旅游者有所区别,因此,为满足这类游客的需求,就要有更多的吸引游客停留与享受的旅游资源的景观设计,才能使游客体会到实现了度假旅游的目的。

另一方面,旅游景观设计不仅要考虑游客的心理需求,还应该照顾到旅游地居民的需求。因为旅游地的居民,祖祖辈辈在此繁衍生息,有着其自身的生活劳作传统,旅游的发展对他们的影响也是必须要考虑的,制定的设计原则应尽量保证他们的权益不受到破坏,又使他们成为旅游业的受益者,使他们既保持传统,又融入新的经济模式,物质和精神生活都得到提高。这样,不同人群需求满足的长期统一就构成了经济发展的良性循环。

同时,在景观规划设计中,应针对不同类型旅游者采用不同的参与性项目设计,对热情开放的年轻旅游者可设立刺激、新奇的旅游设施和项目;如对于年龄稍长、文化程度较高的旅游者可设计相对平和、文化含量较高的参与项目。景观规划设计的参与性原则还应该包括景观规划设计本身需要公众(包括旅游者和当地居民)的参与。此外,通过征求社区居民意见,吸引他们参与旅游景观规划与设计,可以更好地协调旅游景观与整体环境的关系,实现旅游景观生态效益、经济效益和社会效益的有机统一。

(三)主题性原则

从某种意义上来讲,主题形象是景观的生命,一个个性鲜明的主题可以形成较长时间的竞争优势。因而在旅游景观规划设计中,主题形象的塑造可以算得上是一个核心性的问题。如果一个旅游项目有属于自己的故事,将会搭起一座通向旅游市场的桥梁,通过这座桥梁,旅游者可以拥有一个较高层次的旅游休闲趣味。而景观设计当然也要围绕与故事有关的主题对旅游情景加以“编织”,将所设计的景区主题以讲故事的形式在旅游者面前进行呈现,这样做实际上是根据情感来对市场做出了定义,如桂林漓江的“九马画山”的故事就被游客们所津津乐道,还有长江三峡中的巫山神女峰也是以其优美的主题故事而闻名遐迩。在经营项目的过程中,旅游产品基于原有资源的部分已经成为一个附属,在文化为主的景区主要是体现故事的内涵。所以在旅游资源同质化程度比较高的情况下,如何突出旅游的特色是旅游开发的根本问题之一。

旅游景观设计的主题性原则在于在对旅游景观进行设计时,突出创意鲜明而独特的开发主题的策划。这项策划要根据资源的结构特征来进行,使其与其他旅游区景观资源的结构特色相区别,在使自身形象突出的同时实现与其他旅游景观的“优势互补”,以构建合理的开发结构。该原则是建立在对旅游景观分布组合特点、旅游资源开发价值和潜力、区位条件及开发现状条件等分析评价基础之上的,在其指导下可以确定旅游区的重点开发项目,遵循开发建设的时序性进行分期滚动实施。

二、旅游景观规划设计的异质性原则与多样性原则

(一)异质性原则

一般物体都是由不同的组成部分组成的,绝对同质的物体是不存在的,而旅游景观也是一个具有高度空间异质性的区域,因此景观结构的中心问题就在于它的异质性状况。具体来讲,一个地区的土壤、植被、地貌、水文、气候以及历史、经济、文化等景观要素在景观中的不均匀分布,导致一定区域内的景观在类型、结构和功能上具备不同特色,景观设计的异质性是增强景观吸引力、维护景观多样性、招徕旅游者的关键因素。

旅游业在经济的发展中日趋成熟,而旅游者也渐渐摆脱了以前那种“有景便游”的盲目出游,拥有越来越理性化的出游动机。因此,在旅游景观规划设计中,应根据景观的异质性优化景观结构、完善景观功能,使景观内部各要素的组合各具特色,通过不同主题展示不同风格,做到“人无我有、人有我特”,避免将旅游景观

开发成其他知名旅游景观的复制品，要为旅游者提供不同味道的“景观大餐”。

此外，景观规划设计的异质性不仅要求在横向对比中突出不同区域的景观特色，还要求在纵向对比中不断实现景观自身的创新。

（二）多样性原则

旅游景观规划设计的多样性原则，一方面包括园区品种组合、区内微小区域的布局和景观资源配置要突出丰富性、多样性的特点；另一方面就是要求在旅游产品开发、线路设计、游览方式、时间选择、消费水平等方面必须有多种方案，为游客提供多种选择。

第三节 旅游景观设计的程序

一、调查研究阶段

（一）基地调查前期准备

“所谓基地调查，即是在法定范围、界线之内，对所指基地内的斜度及其他细部事项，包括气候、植栽、社会形态、动线分布情况及历史背景等，做一份完整的调查报告”。对于基地调查的前期准备内容，不少文献都作了大致相同的论述，根据目前较普遍的看法，可以归纳为如下几方面内容。

1. 基本条件

所谓基本条件是指在进行设计前必须了解的一系列与建设项目有关的先决条件。一般包括以下内容：

（1）建设方对设计项目、设计标准及投资额度的意见，还有可能与此相关的历史状况。

（2）项目与城市绿地总体规划的关系（1：5000～1：1800的规划图），以及总体绿地规划对拟建项目的特殊要求。

（3）与周围市政的交通联系，车流、人流集散方向。这对确定场地出入口有决定性的作用。

（4）基地周边关系。周围环境的特点，未来发展情况，有无名胜古迹、古树名木、自然资源及人文资源状况等。还有相关的周围城市景观，包括建筑形式、体量、色彩等。另外就是旅游区周围居民的类型与社会结构，譬如是否属于自然保护区或历史文化名城等情况。

（5）该地段的能源情况。排污、排水设施条件，周围是否有污染源，如有毒有害的厂矿企业等。如有污染源，必须在设计中采取防护隔离措施。

（6）当地植物植被状况。了解和掌握地区内原有的植物种类、生态、群落组成，还有树木的年资、观赏特点等。应特别注意一些乡土树种，因为这些树种的巧妙作用往往可以带来良好的效果。

（7）数据性技术资料，包括用地的水文、地质、地形、气象等方面的资料。了解地下水位年、月降水量，年最高、最低温度的分布时间，年最高、最低湿度及其分布时间，年季风风向、最大风力、风速以及冰冻线深度等。如需要，还应由专业技术单位对基地全部或局部进行地质勘察。

（8）一般情况下还应考虑旅游区建设所需要的材料来源，如一些苗木、山石建材等。

2. 基础资料

所谓基础资料是指与旅游区景观设计有直接关系的资料，以文字、技术图纸为主。无论建设项目大小，首先应了解其地形地貌，以及基地原有地上、地下设施和邻近环境等状况，然后才可能进行下一步工作。具体而言，需收集的基础资料有如下内容：

（1）基地地形图。根据面积大小不同，建设方应提供1：2000、

1∶1000、1∶500甚至1∶200的基地范围内的总平面地形图。此类图纸应明确显示设计范围(红线范围、坐标数字)等内容。

(2)基地范围内的地形、标高及现状物体(现有建筑物,构筑物,山体,水系植物,道路,水井及水系的进、出口位置,电源等)的位置。现状物体中,要求保留利用、改造和拆迁等情况的要分别注明。

(3)四周环境情况。与市政交通联系的主要道路名称,宽度,标高点数字以及走向和道路、排水方向,周围机关、单位、居住区的名称、范围以及今后发展状况等。

如果基地面积比较大,或基地现状特别复杂,或对设计的精细程度有较高要求,则还需要局部放大图,主要供局部详细设计使用,图纸比例一般为1∶200。此类图纸应明确显示以下内容:①要保留使用的主要建筑物的平面图、立面图,平面图位置注明室内、外标高;立面图要标明尺寸、颜色等内容;②对设计影响较大的山体、水系、植被、现存环境雕塑小品及基地内现状道路的详细布局。

(4)现状植物、植被分布图(1∶500,1∶200)。主要标明现有植物、植被的基本状况,需要保留树木的位置,并注明品种、生长状况,观赏价值的描述等。有较高观赏价值或特殊保护意义的树木最好附以彩色照片。

(5)地下管线图(1∶500,1∶200)。一般要求与施工图比例相同。图内应包括上水、下水、环卫设施、电信、电力、暖气沟、煤气、热力等管线位置及井位等。还要有剖面图,并需要注明管径的大小、管底或管顶标高、压力、坡度等。一般应与各配合工种的要求相符合,需与设备专业设计人员沟通。

3. 现场素材

现场踏勘的重要性是不言而喻的。再详尽的资料也代替不了对现场的实地观察,无论面积大小,项目难或易,设计者都有必要到现场进行认真踏勘。原因至少有两个:一是旅游环境包含了很多感性因素(特别在方案阶段),这类信息无法通过别人准确传达,要求对现场环境有直觉性的认知;二是每个设计师对现场资料的理解各不相同,看问题的角度也不一样,设计师亲赴现场才能掌握自己需要的全部素材。

现场素材是基础素材的补充资料。在现场素材的收集过程中,要特别注意那些在基本条件和基础资料中难以体现的方面,比如场所的围合性、边界、视点、视廊、眺望对象、现有景观特征等,重要的是要形成对场地环境的感知。另外还要注意可利用、可借景的旅游吸引物,以及那些不利或影响景观的物体,这些在设计过程中应分别加以适当处理。现场踏勘往往需要拍摄实地景象,以备设计时参考之用。同时,现场踏勘也可以纠正基本条件及基础资料中可能存在的错误,如现状的建筑、朝向、植物植被生长等情况,以及原有图纸与实地水文、地质、地形等自然条件吻合的程度。有些素材可以直接标注在反映现场状况的平面图上。另外,设计者到现场,可以根据周围环境条件,进入构思阶段。

当基地规模较大、情况较复杂时,踏勘工作要进行多次。与前两类素材相比,现场素材在数量上讲一般较少,但涉及范围非常广泛,大多数问题只是对某一具体基地才有意义,因此,踏勘时应该收集哪些资料无法在此具体指出。尽管在素材收集过程中整理工作一直在进行,我们依然需要一个单独的素材整理阶段,便于设计者将所收集到的资料,经过分析、研究,定出总体设计原则和目标,编制出旅游区景观设计的要求和说明。一般而言,现场踏勘收集的素材包括如下基本内容:

(1)核对补充所收集到的图纸资料。

(2)土地所有权、边界线、周边环境。

(3)确认方位、地形、坡度、最高眺望点、眺望方式等。

(4)建筑物的位置、高度、式样、风格。

(5)植物特征,特别是应保留的古树名木的特征。

(6)土壤、地下水位、遮蔽物、恶臭、噪声、道路、煤气、电力、上水道、排水、地下埋设物、交通量、景观特点、障碍物等。

如面积较小,最好对现场情况进行测量,并制作一份详细的基本平面图。测量时尤应注意下面几点:

(1)依目的与地形状况决定测量的方法。

(2)能利用的树木,注意勿加折损,以记号注记。

(3)设计上参考用的重要树木、岩石、地形、植物范围、水源、电杆等明显目标,应加标注,作为测量图的对照。

(4)在眺望点或重要设施配置处,应多设测点测量,在危峻峡谷处、低湿地、非重点处则可少设测点。

(5)在堆砌假山及挖掘水池或河流之处,先预想可能变化的地形,且于四周5～10m范围内多设测点。

基本平面图应详细记载以下资料:

(1)基地范围界线特点(包括桩号及距离)。

(2)地形图(等高线以虚线表示)。

(3)水体、植物植被现状。

(4)房屋和其他建筑物的关系(包括以下的细部平面图),甚至包括所有门窗的屋顶平面图、地下室的窗户。

(5)地下喷水孔、户外的水龙头甚至户外的电路、空调机的位置。

(6)户外照明设施(建筑物上及在基地上的)。

(7)其他构筑物,如墙、围篱、电力与电话的变压器、电线杆、地下管网、消防栓等。

(8)道路、车道、行人道、小径、台阶。

(9)基地附近环境,例如,与相邻街道的关系、附近的建筑物、电线杆、植栽等。

(10)任何会影响发展设计的因素。

基本平面图必须用既简明又易懂的绘图技巧制作,因为在程序中的每个步骤都需要用到它。基本平面图上最好不要用太复杂、太细致的图例或绘图的笔触质感,必须保持图画的完整性及各分图的图画连续性。

4. 资料整理

资料的选择、分析、判断是设计的基础。对上述已有的素材进行甄别和总结也是非常必要的，通常在一个设计开始以前，设计者搜集到的素材是非常丰富多样的，甚至有些素材包含互相矛盾的方面。对设计本身来说，不一定把全部调查资料都用上，但要把最突出的、重要的、效果好的整理出来，以便利用。因此，这些素材中哪些是必需的，哪些是可以合并的，哪些是欠精确的，哪些是可以忽略的，都需要预先作出判断。然后把收集到的上述资料制作成图表，在一定方针指导下进行分析、判断，选择有价值的内容，并根据地形、环境条件，加上建设方的意向，进行比较，综合研判勾画出大体的骨架，以决定基本形式，作为日后设计的参考。

（二）编写计划任务书阶段

计划任务书是进行某一特定旅游区景观设计的指导性文件。当完成资料整理工作后，即可编写设计应达成的目标和设计时应遵循的基本原则，通常应达成的目标和原则在上位规划中已经确定，景观设计时应严格执行。计划任务书一般包括八部分内容：①应明确设计用地范围、性质和设计的依据及原则；②明确该旅游区在城市用地系统中的地位和作用，以及地段特征、四周环境、面积大小和游人容量；③拟定功能分区和游憩活动项目及设施配置要求；④确定建筑物的规模、面积、高度、建筑结构和材料的要求；⑤拟定布局的艺术形式、风格特点和卫生要求；⑥做出近期、远期投资以及单位面积造价的定额；⑦制订地形地貌图表及基础工程设施方案；⑧拟出分期实施的计划。

设计任务书经主管部门审核批准后，即可以根据设计任务书的要求进行总体设计。总体设计按设计思维过程可以分为立意、概念构思、布局组合、草案设计和总体设计五个操作阶段。

二、立意

立意简单地说就是指确立设计的总意图,是设计师想要表达的最基本的设计理念。立意可大可小,大到反映对整个学科的看法,小到对某一设计手法的具体阐释。对旅游区景观设计而言,每个设计师都有自己的思维方式,都有表达自己创新思想的权利,都有不同于他人的设计特点,但决定一个设计合理性的首要环节是立意。表达立意的方法五花八门,既可以是抽象的图式,也可以是文字与图形的结合。

概念构思是指针对预设的目标,概念性地分析通过何种途径、采取什么方法,以达到这个目标的一系列构思过程。概念构思的要旨在于对面临的课题找出解决问题的途径。换句话说,概念构思实质上是立意的具体化,它直接导致针对特定项目设计原则的产生。

下面的实例可以帮助我们理解概念构思的要义。

日本是世界上地震多发国,在利用城市绿地防灾方面,其构思及立意过程可供我们参考。

在日本,防灾绿地是为了防止公害发生,在市区用地中,在将工厂地带与市区地带进行遮断和分离的专项绿地上修建避难广场、康乐场所等,以满足正常时期游乐的需要。基于防灾绿地的这个功能要求,概念构思的技术路线主要沿着遮断、分离、避难、康乐四个方面进行构思。

第四节　旅游景观构成要素及其设计

一般谈及的旅游规划包括旅游发展规划和旅游景区规划。旅游发展规划是根据旅游业的历史、现状和市场要素的变化所制定的目标体系,以及为实现目标体系在特定的发展条件下对旅游发展的要素所做的安排。分为国家级、区域级和地方级三个层次规划。

旅游景区规划是指为了保护、开发、利用和经营管理旅游区，使其发挥多种功能和作用而进行的各项旅游要素的统筹部署和具体安排。按规划的深度要求分为：旅游景区总体规划、旅游景区控制性详细规划和旅游景区修建性详细规划。

以下简述不同旅游景区规划类型的规划内容和要求。

1. 旅游景区总体规划

规划期限：一般为10～20年。

规划任务：分析旅游区客源市场，确定旅游区的主题形象，划定旅游区的用地范围及空间布局，安排旅游区基础设施建设内容，提出开发措施。

规划主要内容：

（1）分析与预测客源市场。

（2）界定范围，调查现状，评价资源。

（3）景区性质和主题形象。

（4）功能分区，土地利用，景区容量。

（5）对外交通和内部道路系统的布局、规模、走向等。

（6）景观和绿地系统的总体布局。

（7）基础、服务和附属设施及防灾和安全系统的总体布局。

（8）资源保护范围和措施。

（9）环境卫生系统布局和防治措施。

（10）近期建设规划和重点项目策划。

（11）实施步骤、措施和方法，以及规划、建设、运营中的管理意见。

（12）对旅游区开发建设进行总体投资分析。

成果要求：规划文本、规划图表及附件。

图件：区位图、综合现状图、旅游市场分析图、旅游资源评价图、总体规划图、道路交通规划图、功能分区图等其他专业规划图、近期建设规划图等。

2. 控制性详细规划

规划期限：3 ～ 5 年。

任务：以总体规划为依据，详细规定区内建设用地的各项控制指标和其他规划管理要求，为区内一切开发建设活动提供指导。

主要内容：

（1）详细划定所规划范围内各类不同性质用地的界线。规定各类用地内适建、不适建或者有条件地允许建设的建筑类型。

（2）规划分地块，规定建筑高度、建筑密度、容积率、绿地率等控制指标，并根据各类用地的性质增加其他必要的控制指标。

（3）规定交通出入口方位、停车泊位、建筑后退红线、建筑间距等要求。

（4）提出对各地块的建筑体量、尺度、色彩、风格等要求。

（5）确定各级道路的红线位置、控制点坐标和标高。

成果要求：规划文本、规划图表及附件。

图件：综合现状图，各地块的控制性详细规划图，各项工程管线规划图等。

图纸比例：一般为 1/2000 ～ 1/1000。

附件：包括规划说明及基础资料。

3. 修建性详细规划

规划期限：当前建设。

地段：对于旅游景区当前要建设的地段，应编制修建性详细规划。

任务：在总体规划或控制性详细规划的基础上，进一步深化和细化，用于指导各项建筑和工程设施的设计和施工。

主要内容：

（1）综合现状与建设条件分析。

（2）用地布局。

（3）景观系统规划设计。

（4）道路交通系统规划设计。

（5）绿地系统规划设计。

（6）旅游服务设施及附属设施系统规划设计。

（7）工程管线系统规划设计。

（8）竖向规划设计。

（9）环境保护和环境卫生系统规划设计。

成果要求：规划设计说明书。

图件：综合现状图、修建性详细规划总图、道路及绿地系统规划设计图、工程管网综合规划设计图、竖向规划设计图、鸟瞰或透视效果图等。

图纸比例：一般为 1/2000 ～ 1/500。

第五章　旅游景观的建设与提升

旅游的功能分区是依据旅游开发地的资源分布、土地利用、项目设计等状况而对区域空间进行系统划分的过程，是对旅游地经济要素的统筹安排和布置。

第一节　旅游景观的建设

一、停车场规划设计

（一）出入口

停车场出入口与主要人行出入口、道路交叉点必须保持一定距离，以避免车流和人流混杂，产生安全问题。有明确规定，出口和入口可以分开设置，也可以设置在一起，但需要分道。

我国是机动车靠右道行驶，右拐入停车场，右拐出停车场进入城市机动车道。因此，出入口应该保证开阔的视野，避免视线遮挡造成车辆碰撞。收费停车场出入口设置电子落杆、计价器、管理室。

（二）车道

为避免堵车和安全问题，车道分成主车道和次车道。主车道一边尽量不设置停车位。车道一般单向行驶，交叉口避免十字交叉，尽量设置为 L 交叉和 T 交叉。为安全起见，交叉口需要设置标识、道路安全转角镜、挂式广角镜。

（三）停车位

停车位设计注意要保证足够的车体间隔。一般情况下，车体间隔至少 60 ～ 90cm 才可确保顺利打开车门。车位至少长 5m，宽 3m，才可以保证车辆顺利进出。如图 5-1 ～图 5-7 所示。

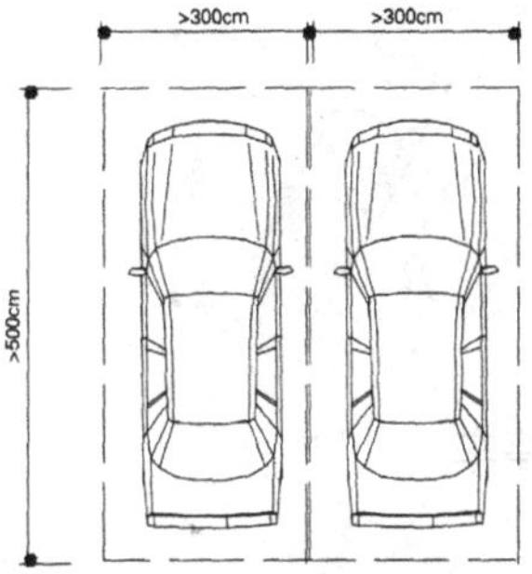

图 5-1　停车位尺寸

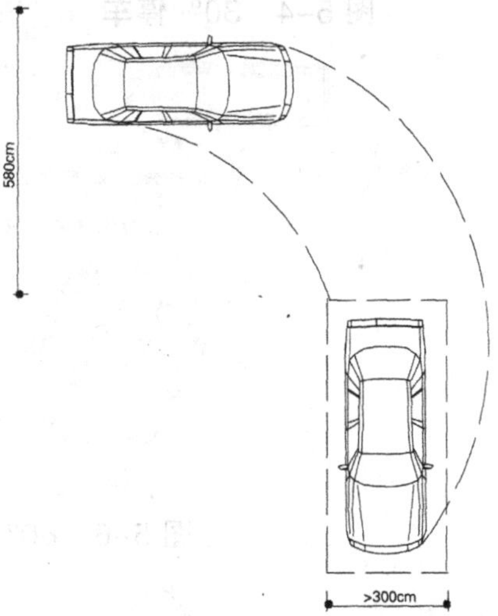

图 5-2　垂直停车尺寸

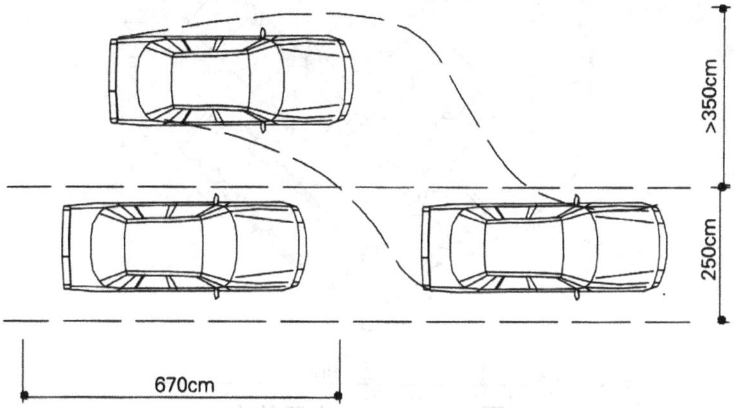

图 5-3　平行停车位尺寸

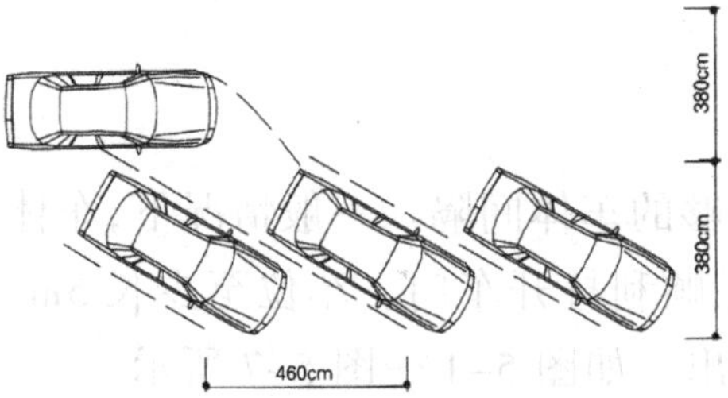

图 5-4　30° 停车

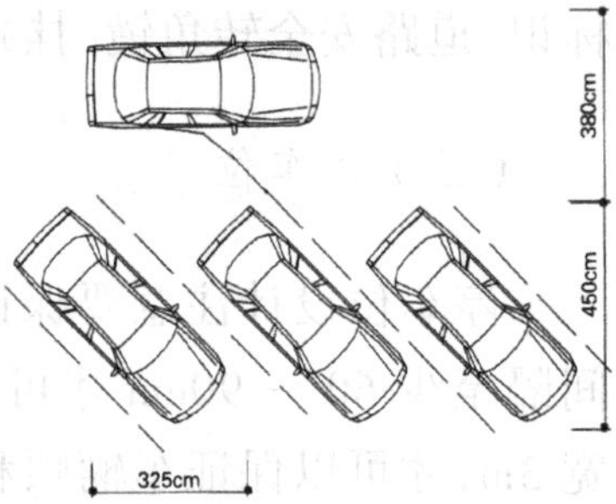

图 5-5　45° 停车

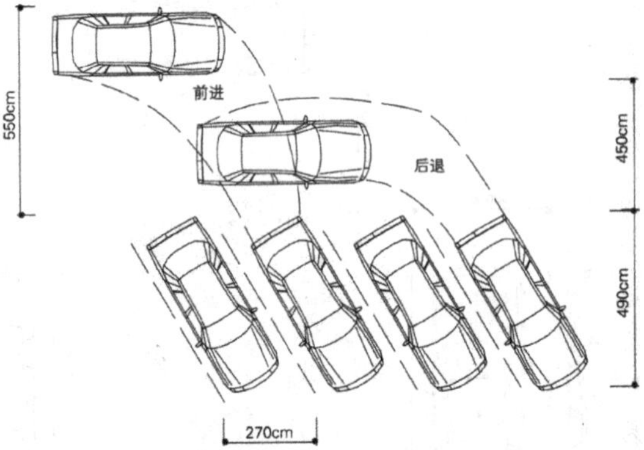

图 5-6　60° 停车

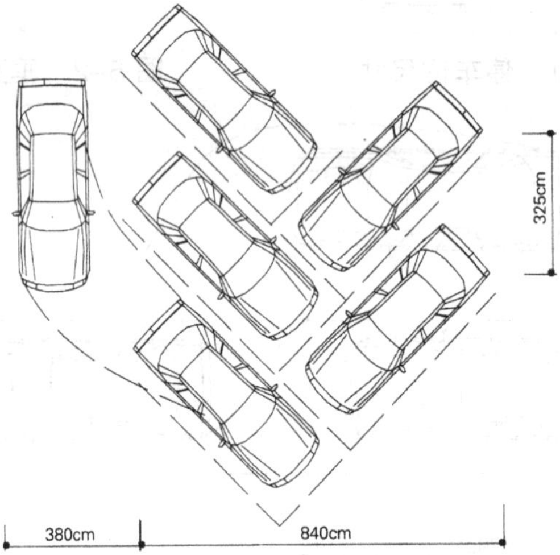

图 5-7　45° 交叉停车

（四）步行通道

停车场应设置连贯的步行通道，宽度宜达到 1.5m 以上，以保证人正常通行。人、车实行平面分离，步行路线尽量用醒目颜色进行标识。与机动车通道交叉时，应设置斑马线。

（五）停车场绿化

停车场绿化可以有效降低车辆尾气对环境的污染，调节气温，提高停车场的景观价值，降低视觉干扰。具体手法包括：

（1）停车带前面设置绿化隔离带；

（2）通过乔灌木对周边建筑视线进行遮挡；

（3）停车位使用绿色地面，如植草砖。

二、给排水设计

（一）景观给水

景观设计中常常涉及池塘、鱼池、瀑布、涌泉、喷泉、河流等水体，同时植物也需要水灌溉，因此必须考虑景观给水。

景观给水的水源主要有自来水、雨水和处理水三种。

1. 自来水

自来水来自城市的市政给水管网。自来水为水厂处理过的水，水质较好，但是水价较贵。随着生态环保意识的增强，现在自来水已经不是景观给水的推荐水源。我国正在提倡建立节水型社会，景观用水量大则不适宜使用自来水，而是使用处理水和雨水。

2. 雨水

我国不少地区水量充沛。雨水作为珍贵的水资源，可以将其储蓄、回收、再利用，而不是任其随着排水管道流失。城镇中，雨水收集主要是屋面收集，即在屋面安装虹吸式排水管，经过管道汇集至雨水蓄水池内，将其储存。需要的时候通过压力泵将水送入给水管道（图 5-8）。

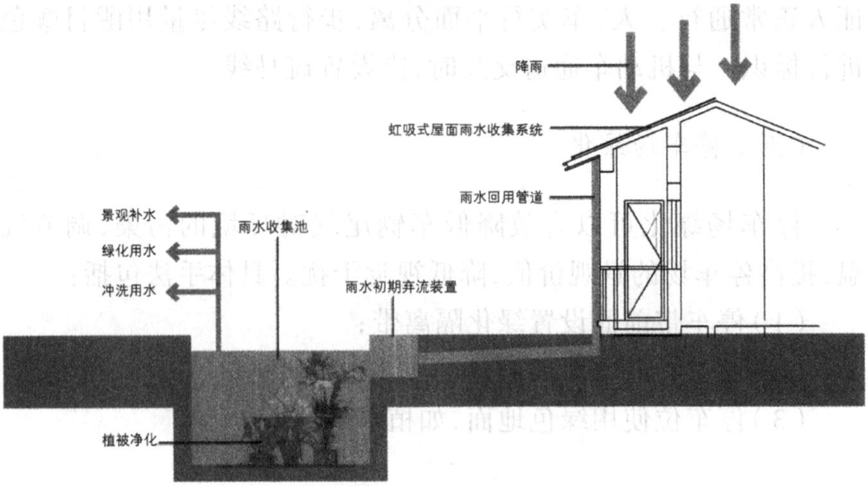

图 5-8　雨水回用示意图

3. 处理水

处理水是基地周边有河流等水源,通过水处理设备和工艺对河水等原水进行处理,使其达到景观用水的水质要求,在此基础上将水体反复循环处理、重复利用,从而降低对补水水源的依赖性。对于景观用水量较大的设计项目,处理水是比较理想的给水方式。

(二)景观排水

景观排水主要是将雨水、多余的景观水排放至城市下水管网。排水主要通过道路边沟、雨水管渠、集水井、雨水井进行排水。水池、河道中多余的水通过溢流管排至雨水管道。

三、植物景观设计

(一)植物绿化设计的意义

1. 改善小气候

(1)调节气温。树木有浓密的树冠,其叶面积一般是树冠面积的 20 倍。太阳光辐射到树冠时,有 20%～25%的热量被反射回天空,35%的热量被树冠吸收,加上树木蒸腾作用所消耗的热量,树木可有效降低空气温度。据测定,有树阴的地方比没有树阴的地方温度一般要低 3 ～ 5℃；在冬季,一般在林内比对照地点温度提高 1℃左右。

垂直绿化(图 5–9)对于降低墙面温度的作用也很明显。根据对复旦大学宿舍楼的测定结果,爬满爬山虎的外墙面与没有绿化的外墙面相比,表面温度平均相差 5℃左右。另据测定,在房屋东墙上爬满爬山虎,可使墙壁温度降低 4.5℃。

图 5–9 垂直绿化

(2)增加空气湿度。据测定,每公顷阔叶林比同面积裸地蒸发的水量高 20 倍。每公顷油松林一天的蒸腾量为 4.36 万～ 5.02 万千克。宽 10.5m 的乔木林带可使近 600 米范围内的空气湿度显著增加。据北京市测定,平均每公顷绿地日平均蒸腾水量为 18.2 万千克,北京市建成区绿地日平均蒸腾水量 34.2 亿千克。

(3)控制强光与反光。应用栽植树木的方式,可遮挡或柔化直射光或反射光。树木控制强光与反光的效果,取决于其体积及密度。单数叶片的日射量,随着叶质不同而异,一般在 10%～ 30%。若多数叶片重叠,则透过的日射量更少。

(4)通风。通风,就是将自然风引进空间中,在景观设计时,常留下风道,以便将清新凉爽的空气引入其中,提高环境的舒适度(图 5–10)。园林绿地中常以道路、水系廊道作为风道的主要形式,草坪在绿地中也能形成通风道,可以改善热带地区生活环境。进气通道的设置一般与城市主导风向成一定夹角，如果是陆地通道常以草坪、低矮的植物为主，避免阻挡气流流通，而城市排气通道则应尽量与城市主导风向一致，尤其是在北方冬季，以将污染空气吹走。城市中的道路绿化尤其要注意树木的密度及冠层覆盖度，郁闭度过大，常使汽车尾气不易扩散，造成道路空间内污染加重。

图 5-10　享受景观通道形成的凉爽

研究表明，城市绿地中，树林内的温度较周边草地的温度低，比较凉爽，这主要是由于林内、林外的气温差形成对流的微风，当林外的热空气上升，而由林内的冷空气补充，使得林外的温度降低。同时，树木分枝点的高低也会影响气流的流通，分枝点过低，气流流通较弱，而分枝点过高，则风力减弱，一般在人体高度以上较合适，而且树木分枝点外的枝叶不过于密集较好，容易形成风道。

（5）防风。乔木或灌木可以通过阻碍、引导、渗透等方式控制风速，亦因树木体积、树型、叶密度与滞留度，以及树木栽植地点，而影响控制风速的效应。群植树木可形成防风带，其大小因树高与渗透度而异。一般而言，防风植物带的高度与宽度比为 1∶11.5 时及防风植物带密度在 50%～60%时防风效率最佳。

2. 净化空气

（1）碳氧平衡。园林植物在进行光合作用时，大量吸收二氧化碳，释放氧气。绿色植物能在充足的阳光和水分条件下通过光合作用进行固碳释氧，从而缓解城市的热岛效应，植物吸碳释氧的能力一般是呈正相关的，城市绿化覆盖率与热岛强度成反比。因此在城市园林绿化中，应合理搭配植物，增加城市美景度和生态效益。

固碳能力比较高的乔木树种有：垂柳、糙叶树、乌桕、麻栎、喜树、龙爪槐、黄连木、紫薇、木槿、柿、杜仲、鸡爪槭、枫杨、胡桃、刺槐、栾树、丁香、三角枫、枇杷、紫叶桃、桃、梧桐、无患子、七叶树、广玉兰、银杏、香樟、垂丝海棠、白玉兰、梅、臭椿、冬青、化香、李、山茱萸、悬铃木、棕榈、盐肤木、蚊母树、含笑、槐树、榉树、梓树、红楠、朴树、椤木石楠、大叶冬青、杂种鹅掌楸、日本晚樱、红豆树、石楠、石榴、山茶、桂花、木瓜、樱花、山楂、苦楝、元宝枫等。固碳能力比较高的灌木有：醉鱼草、木芙蓉、八仙花、贴梗海棠、云南黄馨、胡颓子、蜡梅、卫矛、扁担杆、紫荆、慈孝竹、小叶女贞、八角金盘、凤尾兰、阔叶十大功劳、大叶黄杨、溲疏、郁李、牡丹、金银木、山麻杆、金钟花、小檗、夹竹桃、瓜子黄杨、金丝桃、日本绣线菊、杜鹃、珍珠梅等。

通常情况下，大气中的二氧化碳含量约为 0.032%，但在城市环境中，有时高达 0.05%～0.07%。绿色植物每积累 1000 千克干物质，要从大气中吸收 1800 千克二氧化碳，放出 1300 千克氧气，对维持城市环境中的氧气和二氧化碳的平衡有着重要作用。计算表明，一株叶片总面积为 1600 平方米的山毛榉每小时可吸收二氧化碳约 2352 克，释放氧气 1712 克。生长良好的草坪，每平方公顷每小时可吸收二氧化碳 15 千克，而每人每小时呼出二氧化碳约为 38 克，在白天 25 平方米的草坪就可以把一个人呼出的二氧化碳全部吸收。

（2）增加空气中的负离子。森林环境中空气负离子浓度明显高于无林地区，当森林覆盖率达到 35%～60%时，空气负离子浓度较高，而当森林覆盖率低于 7%时，空气负离子浓度仅为前者的 40%～50%。其主要原因有：一是森林土壤含氧量高，可增加空气中负离子浓度；二是森林植物进行光合与蒸腾作用分别释放大量氧气、水汽，容易离化产生自由电子；三是森林具有滞尘作用，负离子损耗减少；四是森林植物叶面常分泌各种植物精油，能促进空气离化；五是树叶的尖端效应具有增加空气中负离子的功能。此外，森林环境中如果分布有瀑布、溪流等动态水体，水体周围 Lenard 效应使空气发生电离现象，空气负离子浓度显著增加；动态水周围空气负离子浓度大于静态水。①

（3）吸收有害气体。城市环境尤其是工矿区空气中的污染物很多，最主要的有二氧化硫、酸雾、氯气、氟化氢、苯、酚、氨及铅汞蒸气等，这些气体虽然对植物生长是有害的，但在一定浓度下，有许多植物对它们亦具有吸收能力和净化作用。在上述有害气体中，以二氧化硫的数量最多、分布最广、危害最大。绿色植物的叶片表面吸收二氧化硫的能力最强，在处于二氧化硫污染的环境里，有的植物叶片内吸收积聚的硫含量可高达正常含量的 5～10 倍，随着植物叶片的衰老和凋落、新叶产生，植物体又可恢复吸收能力。夹竹桃、广玉兰、龙柏、罗汉松、银杏、臭椿、垂柳及悬铃木等树木吸收二氧化硫的能力较强。

不同结构的绿化植物带对污染气体有不同的吸收能力，如氟化氢通过 40 米宽的刺槐林带，比通过同距离的空旷地后的浓度可降低近 50%；二氧化硫通过一条高 15 米、宽 15 米的悬铃木林带浓度可降低 25%～75%。

据测定，每公顷干叶量为 2.5 吨的刺槐林，可吸收氯 42 千克，构树、合欢、紫荆等也有较强的吸氯能力。生长在有氨气环境中的植物，能直接吸收空气中的氨作为自身营养（可满足自身需要量的 10%～20%）；很多植物如大叶黄杨、女贞、悬铃木、石榴、白榆等可在铅、汞等重金属存在的环境中正常生长；樟树、悬铃木、刺槐以及海桐等有较强的吸收臭氧的能力；女贞、泡桐、刺槐、大叶黄杨等有较强的吸氟能力，其中女贞的吸氟能力比一般

① 田旭平．园林植物造景 [M]．北京：中国林业出版社，2012.

树木高100倍以上。

（4）吸滞粉尘。空气中的大量尘埃既危害人们的身体健康，也对精密仪器的产品质量有明显影响。树木的枝叶茂密，可以大大降低风速，从而使大尘埃下降，不少植物的躯干、枝叶外表粗糙，在小枝、叶子处生长着绒毛，叶缘锯齿和叶脉凹凸处及一些植物分泌的黏液，都能对空气中的小尘埃有很好的黏附作用。沾满灰尘的叶片经雨水冲刷，又可恢复吸滞粉尘的能力。

（5）吸收放射性物质。绿化植物不但能够阻隔放射性物质及其辐射，而且能够过滤和吸收放射性物质。如一些地区树林背风面叶片上的放射性物质颗粒只有迎风面的1/4。树林背风面的农作物中放射性物质的总放射性强度一般为迎风面的1/20～1/5。又如每立方厘米空气中含有3.7×10^{7}Bq的放射性碘时，在中等风速的情况下，1千克叶子在1小时内可吸滞3.7×10^{10}Bq的放射性碘，其中2/3吸附在叶子表面，1/3进入叶组织。不同的植物净化放射性污染物的能力也不相同，如常绿阔叶林的净化能力要比针叶林高得多。

（6）杀灭细菌。空气中有许多致病的细菌，而绿色植物如樟树、黄连木、松树、白榆、侧柏等能分泌挥发性的植物杀菌素，可杀死空气中的细菌。松树所挥发的杀菌素对肺结核病人有良好的作用，圆柏林分泌出的杀菌素可杀死白喉、肺结核、痢疾等病原体。

不同立地类型下的植物释放香气的量不同，空气中细菌含量各异，细菌含量依次递增的顺序为树林＜灌丛＜草坪＜裸地。在湿地松林间测定松林香气的时候，研究人员发现湿地松林散发的“芬多精”有机物能够有效地杀死细菌，经测定松林中的细菌含量为每立方米105个，而附近大城市的火车站细菌含量为28696个，火车站的细菌含量比湿地松林高273倍。[①]

地面水在经过30～40米林带后，水中含菌数量比不经过林

① 田旭平．园林植物造景［M］．北京：中国林业出版社，2012.

带的减少 1/2；在通过 50 米宽、30 年生的杨树和桦木混变林后，其含菌量能减少 90%。有些水生植物如水葱、田蓟、水生薄荷等也能杀死水中的细菌。

杀菌能力强的植物有油松、桑树、核桃等；较强的有白皮松、侧柏、圆柏、洒金柏、栾树、国槐、杜仲、泡桐、悬铃木、臭椿、碧桃、紫叶李、金银木、珍珠梅、紫穗槐、紫丁香和美人蕉；中等的有华山松、构树、银杏、绒毛白蜡、元宝枫、海州常山、紫薇、木槿、鸢尾、地肤；较弱的有洋白蜡、毛白杨、玉兰、玫瑰、太平花、樱花、野蔷薇、迎春及萱草。

不同植物对不同细菌的杀灭或抑制作用各异。中南林学院吴章文和吴楚材教授研究认为马尾松、湿地松、云南松的针叶精气相对含量中，单萜烯含量在 90% 以上；杉科树木的木材单萜烯含量达 81.84%。

3. 净化土壤和水质

城市和郊区的水及土壤常受到工业废水及居民生活污水的污染而影响环境卫生和人们的身体健康。绿色植物能够吸收污水及土壤中的硫化物、氰、磷酸盐、有机氯、悬浮物及许多有机化合物，可以减少污水中的细菌含量，起到净化污水及土壤的作用。绿色植物体内有许多酶的催化剂，有解毒能力。有机污染物渗入植物体后，可被酶改变而使毒性减轻。

水生植物在净化污水方面，具有显著的成效，水生植物能通过根有效吸收与运转受污染水域中的氮、磷、钾、铁、锰、镁等元素，并且还能吸收有机物质。同时，也能通过密集的茎秆过滤与吸收污染物（图 5-11、图 5-12），如最普通最常见的美人蕉、绿萝、风眼莲、马丽安、鸢尾、菖蒲、石菖蒲、芦苇、莎草等许多湿地植物都可以在富营养化或受金属污染的水体中正常生长，同时受污染的水质也得到了净化。试验表明，芦苇能使水中的悬浮物、氯化物、有机氮、磷酸盐、氨、总硬度分别减少 30%、90%、60%、20%、66%、33%。另外，植物吸收污染物后，可以转化成其他物质，例如植物从水中吸收丁酚，酚进入植物体后，就能与其他物质形成复杂的化合物，而失去毒性。各地都有自己的乡土湿地植物，通过选育栽培，可以用本地的植物来治理污染，而不必舍近求远地引进物种来净化水域。

图 5-11　凤仙花能修复被石油污染的土地

图 5-12　公园污水净化

4. 降低噪声

城市的噪声污染已成为一大公害，是城市应解决的问题。声波的振动可以被树的枝叶、嫩枝所吸收，尤其是那些有许多又厚又新鲜叶子的树木。长着细叶柄，具有较大的弹性和振动程度的植物，可以反射声音。在阻隔噪声方面，植物的存在可使噪声减弱，其噪声控制效果受到植物高度、种类、种植密度、音源、听者相对位置的影响。大体而言，常绿树较落叶树效果为佳，若与地形、软质建材、硬面材料配合，会得到良好的隔音效果（图 5-13）。

一般来说，噪声通过林带后比空地上同距离的自然衰减量多10～15分贝。

图 5-13　结构松散的林带可以减弱高架桥附近车辆的噪声

5. 防火

植物用来防火，主要是由于该植物个体不易燃烧或燃烧难于维持，从而具有阻滞林火蔓延的特性。防火树种的形态特征主要表现为：皮厚、叶厚、材质紧密甚至坚硬、含水率高、常绿、树冠浓密。在园林中，选择防火树种时，尽量选用既能防火，还可阻滞、抵抗林火蔓延、同时还具有景观、水土保持、涵养水源等多用途植物。当然在树种选择时还应考虑适应性强、生长快、种源丰富、栽植容易、成活率高等树种特性。

防火林带的营造以采取混交林方式为好，形成立体层次丰富的混交防火林带。实践证明在云南等地森林防火重点地段常采用乔灌结合的复层林或阔叶乔木混交林，采用杨梅＋茶树，杨梅＋油茶，木荷＋油茶，木荷＋枫香，木荷＋女贞，女贞＋茶树等，具有较好的防火功能。

优良防火树种主要有木荷、杜英、油茶、构树、甜槠栲、枫香、杨梅、猴栗、钩栲、含笑、木莲、女贞、高山杜鹃、麻栎、冬青、青冈栎、石栎、楠木、桂花、大叶黄杨、十大功劳、小白花杜鹃、南烛、大白花杜鹃、野八角、米饭花、尼泊尔桤木、岗柃、马蹄荷、厚皮香、云南松、黑荆、华山松、茶树、云南野山茶、元江栲、滇青冈、光叶石栎、滇润楠、柑橘等。我国南方采用最多的树种是木荷，木荷树叶含水量高达45%，在烈火的烧烤下焦而不燃，叶片浓密，覆盖面大，树下又没有杂草滋生，既能阻止树冠上部火势蔓延，又能防止地面火焰延伸。主要难燃草本植物有草玉梅、木贼、水金风、黄花酢浆草、白三叶、魔芋、砂仁、黄连、车前草、马蹄金、常春藤、火绒草、月见草等。各地都可在实践中选择当地优良的乡土防火树种。

6. 保持水土

树木和草地对保持水土有非常显著的功能。当自然降雨时，约有15%～40%的水量被树冠截留或蒸发，5%～10%的水量被地表蒸发，地表的径流量仅占0～1%，即50%～80%的水量被林地上一层厚而松的枯枝落叶所吸收，然后逐步渗入到土壤中，变成地下径流，因此植物具有涵养水源、保持水土的作用。坡地上铺草能有效防止土壤被冲刷流失（图5-14），这是由于植物的根系形成纤维网络，从而加固土壤。

图5-14 水土保持

7. 环境监测与指示植物

许多植物对大气中的毒害物质具有较强的抗性和吸毒净化能力，但有一些植物对某种毒害物质没有抗性，对其反应敏感；还有些植物与当地条件密切相关，环境变化了，植物也发生相应变化，如苔藓、地衣（图5-15）等，这些植物就成为环境的指示器。从植物材料上，设计者可以推断出土壤水分、排水、可利用水资源、侵蚀、空气污染、沉积和小气候等。

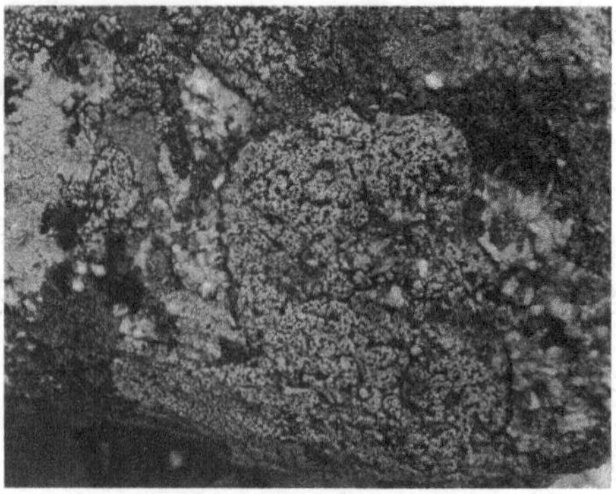

图 5–15 岩石生地衣

植物的这种监测特征主要表现在其存活与否以及在叶片上是否有症状，从而揭示环境是否受到污染，有些症状是某种污染物的特征，如悬铃木树木变浅红色，叶子变黄，就是煤气中毒的症状，在其地下往往能找到煤气露点。

8. 凸显中国文化或民族心理

中国人在欣赏植物的时候，不单是要看植物的生物学与生态学特征，更看中的是植物所蕴涵的能体现中国文化或民族的那种心理或精神享受，因而，园林中的植物承担着一种承载中国民族文化精神或心理的载体作用。这都赋予了中国古典园林中特有的以植物为主题的园林主题的建设。

园林中利用植物的精神特征美进行造景的方法主要有以下一些特征：首先是以某种常见的植物为主景，构筑一个有主题的空间，根据植物所蕴含的特有含义，极力渲染空间气氛，并结合所在环境构筑某种诗情画意的意境，从而表达一定的主题含义，最终利用人们对这种植物与其蕴含的文化含义拉近人们对园林景观的欣赏，使人们对景观留有深厚的印象。

其次在景观构筑完成后，取一个画龙点睛富有意蕴的景名，有的是使用植物名称的谐音，如“玉堂春富贵”，是用玉兰、海棠、牡丹表达春天；有的是使用典故、传说等，如“兰桂齐芳”，是用兰草、桂花比喻对后世子孙有出息的期望；有的是使用植物的生物特征与环境结合的景名，如“拙政园”“远香堂”“梧竹幽居”“海棠春坞”等。

再次是对植物的姿态有特殊的喜好，因此在种植的时候，特别讲究树木的姿态，如梅要疏影横斜、竹则枝叶扶疏，形成了特殊的喜好。

最后，有些民族及地方对植物的栽植有一些习俗与禁忌，如“前不栽桑，后不植柳”，是因为“桑”谐音“丧”，柳树不结籽，房后植柳意味会没后代等。另外有的地方在庭院内也不种植榆树、葡萄等。这些说法虽然是迷信，但是我们可换一种角度解释这种观点存在的合理性，可从植物的生物学特征、生态习性，以及通风、采光等方面进行考虑。如柳树的柳絮、榆树的榆钱在散落时，量大且持续时间长，对我们的生活产生影响，而葡萄在庭院中种植要搭棚架，在夏季夜晚，棚架及地面上的影子会让胆小的人害怕，所以这些植物种植在庭院中的时候，就不为人们所接受。

（二）植物绿化设计的模式

1. 树木绿化模式

（1）孤植。孤植，通常是指乔木或灌木孤立种植的形式。值得注意的是，孤植并不绝对意味着只能栽植一株树，有时为了构图的需要，增强其雄伟感，可以将两株或两株以上的同种树木紧密栽植在一起，形成一个单元，远观效果如同单株栽植一样。

孤植景观在植物造景中的比例虽然不大，作用却非常突出，一个是构图上的骨架和主景作用，另一个是为人们提供理想的休憩空间。

孤植树要能够充分体现植物突出的个体美，或挺拔的树姿、或优美的树形、或丰满的枝条、或迷人的秋色叶、或浓艳的花朵、或醒目的果实、或独特的干皮等。因此，那些体量高大、姿态优美、枝条开展、轮廓鲜明、生长旺盛，可赏形、赏叶、赏花、赏果、赏枝干的树木就成为孤植树的首选，如：雪松、白皮松、榕树、香樟、国槐、悬铃木、无患子、枫杨、七叶树、枫香、三角枫、元宝枫、鸡爪槭、乌桕、丝绵木、柿树、白玉兰、广玉兰、红枫、红叶李子、海棠、合欢、碧桃、紫薇、樱花、梅花、丁香等。

有的庭园中特意把一些常绿植物修剪成特定形状以作为独立树,也有栽植一株爬藤植物形成一座花架者,一般也有独立树的意义。独立树是为了表现树木的姿态、色彩,使之构成园林中的标志,丰富空间层次;有时为了陪衬景物;有时是特意保留,具有历史文化价值(图 5–16)。也有单株散植的对应灌木,常常在林缘,株距比较远,以丰富树林的层次。

图 5–16　纪晓岚手植紫藤

欣赏兼庇荫是设计中经常见到和使用的形式(图 5–15)。俗话说得好:“大树底下好乘凉。”当对孤植树有庇荫要求时,必须选择乔木树种,不仅要求极高的观赏价值,同时还要求体形雄伟、树冠开展、分枝点较高、生长迅速等,北方最好选择落叶树种。

图 5–17　三株菩提树紧密栽植起孤植作用

(2)对植。对植是指两株相同或品种相同的植物,按照一定的轴线关系,以完全对称或相对均衡的位置进行种植的一种植物配置方式。该方式主要用于出入口及建筑、道路、广场两侧,起到一种强调作用,若成列对植则可增强空间的透视纵深感;有时还可在空间构图中作为主景的烘托配景使用(图 5-18)。

图 5-18 对植树框景下的憩亭

对植主要用于强调公园、建筑、道路、广场的出入口,起到构图和景观美化的作用。同孤植景观不同,对植景观一般作配景,也可作框景用。

树种的选择同样要求具有突出的特征和较高的观赏性,从而实现强调或衬托主体景观(通常为建筑或道路)的目的,一般不考虑游人在树下的活动。

(3)列植。列植,通常是指乔木或灌木按照一定的株、行距整齐排列的种植形式(图 5-19)。

图 5-19 列植

列植形成的植物景观整齐、单纯、气势壮观，在规则式或自然式构图中都经常用到，如道路和广场的两侧、水体的岸边等，起构图和美化的作用，也有分隔空间的作用。列植景观一般作配景，也可作夹景，最能够体现节奏与韵律的形式美法则。

图 5-20　列植作夹景用，引导视线，衬托主体建筑

列植在园林中往往是比较突出的形象，列植的株距是否完全等距离，要看情况而定。

列植主要体现整体的观赏性。树种选择同样要求具有突出的特征和较高的观赏性，当考虑游人在树下活动时，还要注意选择那些体形雄伟、枝叶开展、分枝点较高、生长迅速的树种。

列植形成的植物景观整齐、壮观，但连续使用易产生单调乏味之感。为了尽可能地扬长避短，首先，要选择观赏性较高的树种，至少一季有景可观（图 5-21），那些两季甚至三季都特色明显的优良树种，更要充分发掘并加以应用。其次，可以在一行内将两种树种交替种植以增强变化。再次，也可以将两种树种前后分层列植，通常后行高于前行，且后行宜选择常绿树种，起到背景的作用，前行则宜选择常色叶或是花色、果色鲜艳的树种。需要注意的是，不论是一行内交替种植还是多行分层种植，都要合理、轮流安排不同树种的观赏期，这样既可以延长整体的观赏时间，又能够保证每个观赏期内都主体突出、特色明显。

图 5-21　列植

（4）丛植。丛植通常是指 2 ～ 15 株以内的同种或异种的乔、灌木成丛种植的种植形式。

树丛的作用非常多，有作庇荫用的，有作主景用的，有作诱导用的，有作配景用的。庇荫树丛多用单纯树种，以冠大荫浓的高大乔木为宜，一般不用或少用灌木和草本植物。主景、配景和诱导树丛可以乔、灌木混植或配以置石和花卉。主景树丛可配置在大草坪、水边、河湾、岛屿、山坡、高岗等，四周宜空旷。诱导树丛可配置在出入口、登山口、道路交叉口或转折处等，作为标志引导游人按照设计路线前行，甚至能获得峰回路转又一景的效果。

图 5-22　一左一右的两株树丛

树丛在树种组成上可分为单纯树丛和混交树丛，在构图上要求既有调和（通相）又有对比（殊相），并且必须先求同然后才能存异。

树丛在艺术性方面的要求很高，展现群体美的同时还要求单株树木也要在统一的构图中展现其独立的个体美。

（5）群植。按照树丛的配植原则增加株数，扩大种植面积，形成树林与树丛的一种中间形式，比树丛的尺度大，层次感更丰富。

群植在艺术性方面要求能够展现每株树的个体美，树群所表现的则主要为群体美。树群也往往作为构图的主景布置在有足够距离的开阔场地上，如空旷的草坪、空旷的林中空地、水中的小岛屿、宽阔水面的水滨、山坡、土丘等地方。树群主立面的前方至少要在树群高度的四倍、宽度的一倍半范围内留出空地，以便游人欣赏和休息（图 5-23）。

图 5-23　群植

树群的规模比树丛大得多，整体结构较密实，各植物体间有明显的相互作用，可以形成小气候和小环境，因此，要充分考虑植物群落组合的生物学特性。例如，华北碧桃、木槿、紫薇等喜阳植物单独个体栽植会因寒害而生长不足，但如果栽植在规模较大的树群的东南向则生长良好，夏季还可以防西晒，而玉簪、铃兰等宿根花卉在树群的阴面栽植生长则格外繁茂。

树群常用在广场一侧、林缘、河岸，比树丛能产生更宽广的画面，能适应更大的空间。在较长的视线距离也能产生一定的效果。树群配植得当能产生很生动、自然、鲜丽、活泼的气氛。

（6）散植。同一品种或者两三个品种沿着林缘、道路或河边不等距地种植，使这个窄长地带的景观有韵律变化又有秩序，能够增加景观的层次，显得活泼自然。

（7）林植。树林常常是园林中的基础，特别在大型园林中它的骨干作用十分重要。树林的结构可以是纯林，也可以是混交林。

纯林由于树种单纯而缺乏一定的丰富植物景象，除在树种上应选用富于观赏价值的植物外，还应当充分借鉴起伏变化的地形因素进行种植，或于林下配置适当比例的阴性多年生草本花卉，如百合科、石蒜科等。

混交林较纯林具有季相变化的优势，同时呈现出多层结构。大面积混交密林可以采用常绿树与落叶树复层片状或带状混交形式呈现一定的景观供游人观赏和乘凉，也可在笔直的园路两侧混以单纯的乔木描绘一条风景透视线，创造一定的空间透视效果；小面积混交密林多采用小片状或点状混交，同时辅以草地、铺装场地以及简单的休息设施。

在我国南方耐阴树种较多的地区，可以配植覆层混交林，以增加绿量和生物的多样。树林的种植可以是自然式：株行距不等，位置不整齐对应；也可以是整齐式株行距对齐，左右成行；也可以是“插花式”种植，栽植位置互相错开。整齐形式的种植能产生庄重肃穆的气氛，例如北京的天坛内种植整齐的几千株侧柏，十分壮观，自然式的树林会感到自然活泼，特别是在地形有变化的情况下。

（8）树阵。树木栽植成方阵的树林，周围是整齐的道路，形成平面上的横竖对比，是严整中的一种变化。

（9）背景树。在很多园林中为了衬托雕刻物、建筑、瀑布等景观或装饰，采用整齐的树木作背景，背景树是起陪衬作用的一种栽植形式，背景树有时采取列植式，也有时采取自然式，树种色泽最好能与被陪衬的物体有差别，枝叶较密，乔木的分枝点要低，在大多数的情况下以常绿树种为好。在荷兰以大乔木树林为背景，在林下配植郁金香，色彩十分艳丽，再有水面相衬，形成优美的景观。除可以树木为背景外，以草地为背景或以天空为背景，使花木或树木更出色。绿色的草地衬出花朵更娇艳；蓝色的天空使树木的天际线更加清晰，别具特色。

（10）篱植。篱植是用乔木或灌木以相同且较近的株、行距及单行或双行的形式密植而成的篱垣，又称绿篱、绿墙或植篱。

绿篱是指经过修剪成行密集栽植的篱垣，绿篱高者在人的高度以上，以屏蔽人的视线，控制空间。在欧洲古典园林中用作绿化剧场的背景天幕；或是作绿龛，其中放雕像。30 厘米至 1 米左右，可作为花卉的背景，也可作为保护绿地的界标，起到栏杆的作用。在欧洲古典园林中与花卉做成刺绣花坛。欧洲 15 世纪开始把植物修剪成各种灯形、伞形的装饰物装点园林，以取其奇特的趣味。以后由于自然式园林的兴起逐渐稀少，近代也有把植物修剪成各种动物，甚至修剪成人形的做法。

篱植可以在一行内使用两种或多种树种以增强变化（图 5–24），或者将两种甚至多种树种前后并列种植，后排最高，向前依次降低高度，每行内的树种保持单纯。

图 5–24　多种植物形成的篱植

另外，篱植通常是按固定的株、行距沿直线或曲线排列，但也可打破固定的株、行距，尤其是作为隔离树和背景树，在自然式构图中划分空间或衬托前景时，但仍要遵循树种相对单纯、结构相对紧密的原则，林缘线可以自由流畅，但不要过于繁琐曲折，以防喧宾夺主，造成杂乱之感。例如，杭州花港观鱼公园的柳林草坪和主干道之间，以高低不等的多个树种组成多层次的隔离带，总宽 5 ～ 7 米，展开面达 40 多米，隔离和观赏效果都特别好，具体配置为：第一层蕉藕，高 1.2 米，间距 0.5 米，宿根草本，红色花；

第二层海桐，高 1.5 米，间距 1 ～ 1.5 米，常绿灌木，白花清香；第三层桧柏，高 3 米左右，间距 2 米，常绿乔木，分枝点低；第四层樱花，高 3 米，间距 2.5 ～ 3 米，落叶乔木，红色花，树丛的行距为 1 ～ 2 米，结构紧密，隔离效果好。从草坪空间看去，开红花的蕉藕以翠绿的海桐和暗绿的桧柏为背景，从主干道看去，春季的樱花仍以桧柏为背景，高耸密植的桧柏起到两边衬托的作用，观赏效果很好。

（11）垂直绿化。利用攀缘植物从根部垂直向上缠绕或吸附于墙壁、栏杆、棚架、杆柱及陡直山体的方式生长，简称垂直绿化（图 5–25）。垂直绿化只占用少量土地而获得更大的绿量。建筑物的墙面绿化以后，在夏季可以降低室温，减少降温所消耗的能源。攀缘植物的枝上有很鲜艳的花朵，也有彩叶和各种果实，能美化环境，在一定环境中很有装饰效果。攀缘的方式有：以缠绕茎蔓缠绕在其他物体上，向高处延伸生长的，如紫藤、金银花、牵牛、茑萝、南蛇藤等；以枝的变态形式卷须缠绕在其他物体上的，如葡萄、乌敛莓；以叶变态缠绕在其他物体上的，如香豌豆、葫芦、铁线莲；靠枝叶变态形成吸盘或茎上生气根吸附于它物上向高处生长的，如地锦、扶芳藤、凌霄、常春藤、络石等；还有是靠茎枝上的钩刺或分枝攀附在其他物体上向上方生长的，如蔓生月季、云实、木香等。以吸盘吸附于墙面上，墙面要有一定的粗糙度，对缠绕于物体上的藤蔓要能有格架供攀爬。

图 5–25　垂直绿化

2. 花卉绿化模式

（1）花坛。花坛是指在一定的几何形形体植床之内，植以各种不同的观赏植物或花卉的一种植物配置方式。在园林中由于花坛鲜艳夺目、娇美多姿而为众多人所关注。花坛起源于古代西方园林中，最初主要种植药材或香料。到16世纪末在意大利庭园中成为重要的观赏题材，通常以迷迭香或薰衣草镶边，其内种不同花卉堪称登峰造极，常以黄杨矮绿篱组成刺绣花坛，在近代园林中由于其栽植和管理费时费工已不多见。目前最简单、普遍的做法是选用一年生草花、多年生花卉或球根花卉与绿篱一起栽植，平面布置成线形花阵，集中成大型花坛，或把花卉栽植成立体的塔形、伞形、柱形。还有的把爬蔓的木本花卉支架成圆柱形、多角形。在草地中栽植不规则带形、如意形的花坛，颜色鲜明与草地相衬，简称色带，也可以算作花坛的一种。

现时花坛除了在固定范围内种植花卉外还有以各种盆钵临时堆摆成各式花坛，或是以带土的花株固定在网架上组成各种立体花坛。因而花坛的形式呈多样化发展。当然每处设置花坛应因地制宜、因时制宜选择形式。

过去的花坛通常是一种静态景观，随着人们求新求变以及科学技术的不断发展，现在的花坛融入了声、光、水、电，出现了动静结合的景观状态，更显生动自然，令人遐想无穷，情趣倍增（图5–26）。

图 5–26　花坛设计从静态向动态转变

（2）花丛。花丛通常是由三五株到十几株花卉采取自然式种植方式配置的一种花卉种植形式。组成花丛的花卉可以是同一种或不同种，但一般不超过三种，块状混交。花丛是花卉自然式种植的最小单元，从平面轮廓到立面构图都是自然的，边缘没有镶边植物，与周围的草地、树木没有明显的界线。单纯花丛是花境的基本构成单位。

（3）花境。花境也称花缘、花径，是用比较自然的方式种植的小灌木、宿根花卉或多年生草本花卉，常呈带状布置于路旁、草坪、墙的边缘，或溪河或树林的一侧（图 5-27）。

图 5-27 花丛

花境有以下几种类型：

①灌木花境。由具有花、果、叶观赏价值的灌木组合而成的花境。常用植物花卉如月季、南天竹等。

②球根花卉花境。由各种球根类植物花卉组成的花境，观赏性较强。常用植物花卉如百合、水仙等。

③宿根花卉花境。由耐寒性较强、可在冬天露地生长的多年生宿根植物花卉构成的花境。常用植物花卉如芍药、萱草等。

④专类植物花境。由一类或一种植物花卉组成的花境。虽是专类花卉，但需在色彩、大小上有所区别，避免单调。常用植物花卉类别如芍药类、蕨类。

⑤混合花境 。混合花镜可称作是灌木花境和宿根花卉花境的组合体，主要由灌木和宿根花卉混合构成，是运用较为普遍的

一种花境形式。

花境不同于花坛需要经常更换品种，而是常年栽植，因而花期不一致，只要求花株的色彩、形态、高度、稀密都能协调匀称。花境选用的花卉以花期长、色彩鲜明、栽培简易的宿根花卉为主，适当搭配其他花木(图 5-28)。

图 5-28　单面观混合花境

总体来讲，花境内部的植物花卉应以选用花期较长、花果叶等较具有观赏价值的植物花卉为主。对于花境观赏面种植床边缘的镶边植物也应当有所考虑，可以选用常绿矮灌木或是多年生的草本植物，如金叶女贞、葱兰、瓜子黄杨等。

在花境内部的植物配置方式上，则是以自然式花丛为基本单元，采用自然式种植方式。

(4)花池与花台。花池，是在边缘用砖石围护起来的种植床内灵活自然地种植花卉、灌木或小乔木，有时还配合置石以供观赏(图 5-29)。花池内的土面高度一般与地面标高相差甚少，最高在 40 厘米左右。当高度超过 40 厘米，甚至脱离地面被其他物体所支撑就称之为花台，但最高不宜超过 1 米。

花池和花台是花卉造景设计中最能体现中国传统特色的花卉应用形式，在中国各类古典园林中都比较常见，是花木配置方式及其种植床的统称，面积一般不大，是在表现整体神韵的同时也着重突出单株花木和置石的微型种植形式(图 5-30)。尤其花台距地面较高，缩短了观赏时的视线距离，最易获得清晰、明朗的观赏效果，便于人们仔细观赏花木、山石的形态和色彩，品味花香等。花池和花台内的植物首选小巧低矮、枝密叶微、树干古拙、形态别致、被赋予某种寓意的传统花木，点缀置石如笋石、斧劈石、钟乳石等，以创造诗情画意。

图 5-29 花池

图 5-30 花台

花池台座的外形轮廓通常自由灵活，变化有致，多采用自然山石叠砌而成，在我国古典园林中最为常见，常用材料有湖石、黄石、宜石、英石等，还可与假山、墙垣、水池等结合。花台台座的外形轮廓通常为规则的几何形，古代多用块石干砌，显得自然粗矿或典雅大方，现代多用砖砌，然后用水泥砂浆粉刷，也可用水磨石、马赛克、大理石、花岗岩、贴面砖等进行装饰。需要注意的是，虽然花池和花台的台座相比花坛的种植床要精美华丽，并属于欣赏的对象，但也不能喧宾夺主，偏离了花卉造景设计的主题。

3. 草坪与地被绿化模式

优良草坪的绿化主要在选择植物问题上，重点可以从以下几个方面进行把握：

（1）植株低矮，茎叶密集、柔软、有弹性，叶片细，耐践踏。

（2）色泽美丽，整齐一致，绿叶期长。

（3）对环境适应性强，具有一定的抗寒性或耐热性。

（4）生长旺盛，再生能力强。

（5）耐割剪。

（6）对人畜无害。

地被植物的绿化模式主要有以下几种：

（1）树坛、树穴。树坛一般处于半阴状态，适合大多数地被植物的生长（图 5-31）。若裸露面积不大，应采用单一的地被材料；若面积较大，可采用两种以上的地被材料混种，但不能过多，以免显得杂乱。自然种植的树下配置地被植物，通常是随意种植于树干的基部周围，种类选择上，应求得与上层乔木色彩、姿态的相得益彰，从而显盎然之生机，得自然之野趣。例如，郑州人民公园的油松树下种植鸢尾，油松古朴，鸢尾活泼，春季开明亮的黄色花，两者搭配得当，动中有静，颇具情趣，季相景观丰富。

图 5-31　树坛

（2）路旁。根据道路的宽度与周围的环境，可以在道路两侧配置一些与立地环境相适应，枝、叶、花、果富于变化的地被植物，形成草径或花径。配置时要注意与上层植物层次上的高低错落，季相与色彩上的富于变化，从而使原本单调、空旷的园路充满生机与活力。

（3）林下、林缘。林下大多为浓荫、半荫且湿润的环境，要根据郁闭度的不同选择合适的植物种类。疏林下配置地被，不仅能保持水土，而且能丰富林相层次、拓宽景深，体现自然群落的分层结构和植物配置的自然美（图 5-32）。

图 5-32　路旁地被

（4）其他。例如，在山石驳岸配置吉祥草、阔叶麦冬、沿阶草，再点缀几棵云南黄馨，拱枝从岸上沿驳岸垂于水面形成倒影，呈现出青枝、绿叶、黄花，摇曳水中，饶有趣味。在建筑物前的银杏下方，配植花叶蔓长春花、金丝桃、沿阶草，可实现与建筑物的墙基和铺装地面的自然衔接，层次富于变化，色彩对比强烈、娇艳，景观效果好。在藤架旁配置红花酢浆草、沿阶草、吉祥草，与藤架上的紫藤上下呼应，活泼可爱，既烘托了气氛，又增添了情趣。

4.藤本植物绿化模式

（1）附壁式造景。附壁式造景可用于各种墙面、断崖悬壁、挡土墙、大块裸岩、桥梁等设施的绿化和美化。

附壁式造景在植物材料的选择上以吸附类攀援植物为主（图 5-33）。此类攀援植物不需要任何支架，可通过吸盘或气生根固定在垂直面上，同时，要注意植物与被绿化物在色彩、形态、质感等方面的协调。较粗糙的表面,如砖墙、石头墙、水泥抹沙面等,可选择枝叶较粗大的种类,如爬山虎、薜荔、常春卫矛、凌霄等;表面光滑细密的墙面,如马赛克贴面,则宜选择枝叶细小、吸附能力强的种类,如络石、小叶扶芳藤、常春藤等。在墙面等设施上形成绿墙,除了自身景观以外,还可作为背景衬托雕塑、喷泉、山石等前景,或表现春花烂漫的景色。园林中由于各种原因建造的人造石壁往往与视线正交,若下面以爬山虎、扶芳藤、常春藤等植物攀援,上面再通过种植槽植以小型蔓生植物,如软枝黄蝉、探春、黄素馨、蔓长春花等,则上下结合,相得益彰,效果更佳。除了吸附类攀援植物外,还可使用其他植物,但一般要对墙体进行简单的加工和改造,如将铁丝网固定在墙体上,或靠近墙体扎制篱架,或在墙体上拉上绳索,即可供葡萄、猕猴桃、牵牛、丝瓜、蔷薇等多数攀援植物缘墙而上。

图 5-33　附壁式造景

(2)棚架式造景。棚架式造景是园林中攀援植物应用最广泛的造景方式(露天 5-34)。棚架是用各种刚性材料,如竹木、金属、石材、钢筋混凝土等,构成一定形状的格架供攀援植物攀附的园林设置,以花架为多,拱门、拱架一类也属于棚架的范畴。棚架式造景的装饰性和实用性均较强,既可形成独立的景观或点缀园景,又具有遮阴和游憩功能,供人们休息、消暑,有时还具有分隔空间的作用。古典园林中，棚架也是极为常见的造景形式，尤其是葡萄架和紫藤架，在历代的皇家和私家园林中都屡见不鲜。

一般而言，卷须类和缠绕类的攀援植物最适合棚架造景使用，木质的如葡萄、炮仗花、紫藤、金银花、猕猴桃、五味子、南蛇藤、木通等，草质的如西番莲、蓝花鸡蛋果、葫芦、观赏南瓜等。部分枝蔓细长的蔓生类植物也是棚架式造景的适宜材料，如蔷薇、木香、叶子花等，但前期要注意设立支架，人工绑缚以帮助其攀附。另外，吸附类中的凌霄、爬山虎、五叶地锦等也常用于棚架式造景，其中，花、果结于叶丛之下的种类，如葡萄、木通、猕猴桃、观赏瓜类等别具情趣，人们坐在其下，休息乘凉的同时又可欣赏它们的花果之美。

图 5-34　棚架式造景

棚架式造景在选择攀援植物时也要考虑棚架的结构、质地、色彩以及所处的空间位置和功能，尤其要明确主次关系，做到因地制宜、因架适藤。例如，柔软纤细的绳索结构、美观精巧的金属结构、轻巧有致的竹木结构等，此类棚架通常造型精美，观赏性较强，植物作点缀时，宜选择花色鲜艳、枝叶细小的种类，但要注意修剪。而笨重粗犷的砖石结构和造型多变的钢筋混凝土结构的棚架造型通常相对简单，且承受能力大，以植物为主体，可为人们提供花繁叶茂的休憩空间，种植炮仗花、紫藤、葡萄、猕猴桃、南蛇藤、凌霄、木香、叶子花等较为适宜，应适当密植，以便早日成景。

（3）篱垣式造景。篱垣式造景主要用于篱架、铁丝网、围栏、栅栏、矮墙等设施的绿化和美化(图5-35)。这类设施的基本用途是分隔和防护,也可以观赏为目的构成景观,大多高度有限,对植物的攀援能力要求不严格,几乎所有的攀援植物都可以应用,但不同的篱垣类型要选择适宜的植物材料。

篱架、铁丝网、围栏的绿化以茎柔叶小的草本和软柔的木本种类为宜,如络石、牵牛花、茑萝、香豌豆等。在庭院和居民区,可考虑攀援植物的经济价值,尽量选择可供食用或药用的种类,如丝瓜、苦瓜、扁豆、豌豆等瓜豆类,葡萄、西番莲等水果类,以及金银花、何首乌等药用植物类。公园中,利用富有乡村特色的材料编制各式的棚架、篱笆、围栏甚至茅舍等,配以上述攀援植物,可营造一派朴拙的村舍风光,别具一番田园情趣。

图5-35 篱垣式造景

栅栏的绿化应结合其在园林中的用途及其结构、质地、色彩等因素。如果作透景用,则应是透空的,能够内外相望,攀援植物宜选择枝叶细小、观赏价值高的种类,如络石、铁线莲、牵牛、茑萝等,种植宜稀疏,切忌因过密而封闭,栅栏内细长的枝蔓向外伸出,可营造"满园春色关不住"的意境。如果作分隔空间或遮挡视线用,则应选择枝叶茂密、开花繁密的木本种类将栅栏完全遮蔽,形成绿墙或花墙,如凌霄、胶东卫矛、常春藤、蔷薇等。就栅栏的结构和色彩而言,钢筋混凝土的栅栏大多比较粗糙,色彩暗淡,应选择生长迅速、枝叶茂密、色彩斑斓的种类;格架细小的钢栅栏则宜配置较为精细的种类。

（4）柱体的垂直绿化。随着城市建设的发展，各种立柱如高架桥立柱、立交桥立柱、电线杆、路灯灯柱等不断增加，它们的绿化已成为垂直绿化的重要内容之一。一般来说，吸附类攀援植物最适于立柱式造景，不少缠绕类植物也可应用。但必须注意，立柱所处的位置多是交通繁忙，汽车废气、粉尘污染严重，土壤条件差，高架桥下还存在光照不足的问题。因此，选择植物时要充分考虑这些因素，选择适应性强、抗污染并耐荫的种类。

另外，园林中的一些枯树如果能够加以绿化，可给人一种枯木逢春的感觉。例如，山东岱庙内几株枯死的千年古柏，分别以凌霄、紫藤进行绿化，景观各异，平添无限生机。在不影响树木正常生长的前提下，活的树木也可用攀援植物攀附，但注意不宜用缠绕能力强的大型木质藤本植物，如紫藤、南蛇藤等。除此，工厂的管架、支柱也很多，在不影响安全和检修的情况下，也可用攀援植物进行装饰，形成一种特色景观。

（三）植物绿化设计的方法

1. 主题的营造方法

（1）对比、烘托手法。通过景观要素形象、体量、方向、开合、明暗、虚实、色彩和质感等方面的对比来加强意境。对比是渲染景观环境气氛的重要手法。开合的对比方能产生“庭院深深深几许”的境界，明暗的对比衬出环境之幽静。在空间程序安排上可采用欲扬先抑、欲高先低、欲大先小、以隐求显、以暗求明、以素求艳、以险求夷、以柔衬刚等手法来处理。

根据空间大小、环境主题的不同内容，用植物营造相应的氛围，展现与所在环境主题相协调的意境美，为烘托手法。即通过植物造景来强化环境主题，与其他造景要素共同形成意义深刻和主题突出的环境特征，如劲健、含蓄、洗练或典雅。

（2）象征手法。象征手法是利用艺术手段布局植物景观，通过人们的联想意识来表现比实际整体形象更广泛、更复杂的内容。象征寓意的植物造景，大都伴随着一定的主题目的而成为整个景点空间的核心。在古代，运用了象征手法的植物造景多以寓意历史典故、宗教和神话传说为主。随着时代的发展，运用现代象征寓意的植物造景主要坚持“以人为本”的原则，是一切植物景观的核心“意境”所在。

（3）比拟、联想手法。意境的欣赏是物我交流的过程，因此景观的构造要做到能使人见景生情，因情联想，进而从有限中见无限，形成景观意境的艺术升华。在设计中通过具有认知、感知的植物空间来创造具有一定情感和主题的植物景观。植物的色、形、叶、香等物理属性在特定的场合经过艺术的种植都能散发出一定的情感语言，激发观赏者的联想，反映出场所的精神内容和性格。

例如拙政园的听雨轩，窗外种植的竹、荷、芭蕉营造出“听雨入秋竹”“蕉叶半黄荷叶碧”的景象(图 5-36)。松风水阁，又名“听松风处”，是看松听涛之处。松、竹、梅在中国传统文化中被称作“岁寒三友”。松树经寒不凋，四季常青，古人将之喻为有高尚的道德情操者。诸如此类的还有倚玉轩、玲珑馆的竹，待霜亭的橘，玉兰堂的玉兰，雪香云蔚亭的梅，柳荫路曲的柳，枇杷园、嘉实亭的枇杷，得真亭的松、竹、柏等。

图 5-36　听雨轩

（4）模拟手法。运用现代的造景方法，仿自然之物、形、象、理和神，对大自然进行重现。利用植物品种本身的自然、生态属性进行配置来创造植物的自然生态美,实现植物造景意境的营造。如上海世纪大道中的中段内 8 个专类园布置:柳园、水杉园、樱桃园、紫薇园、玉兰园、茶花园、紫荆园、栾树园。这些植物景观直接展现不同植物品种的自然特性,给观赏者带来直接的感官美——植物的自然生态美,无需观赏者去联想和进行思维的加工即可读出其韵味。

通过对所要表现对象的实体分析,用植物组合成模纹图案、雕塑及各种平、立面造型图案等模拟实体的外形来反映主题,并以此作为模拟手法。如大连市道路绿地的模纹图案,以模拟海波、浪花、海鸥为模纹母本,充分展现了海滨城市的特点。模拟手法带有一定的间接性,是对实体外在形象的模拟,非本质的挖掘,应用不好,会出现俗气的感觉。因此在模拟时,不应盲目照抄,应去粗存精,提取精华,使之栩栩如生。

(5)抽象手法。抽象手法是对事物特征的精华部分经过提炼、加工,并通过植物景观表达出来的艺术形式。它可以使较为深奥、复杂的事物变得更加形象、生动,易被人们理解。借取哲学上的抽象,从许多具体事物中舍弃个别的非本质的属性,抽取共同的本质的属性,将物体的造型简化概括为简练的形式,成为具有象征意义的符号。如植物造景中运用大块空间、大块色彩的对比,达到简洁明快的抽象造型,引导游者联想,使人们获得意境美的感受。应避免应用一些深奥难测和晦涩的抽象造型符号。

总之,通过对场地精神和地域特色的解读,正确合理地利用植物情感语言和表达手法,创造出符合现代空间环境和现代人们心理需要的高品质绿化景观,营造出符合现代精神文明的植物造景意境美。

2. 季相景观的表现方法

植物所构成的空间除现实中的立体三维空间外,还包括时间这一不可或缺的维度,统称四维空间。随着时间的改变,空间的大小、形状、色彩、质感等也会相应地发生变化。在现实工作实践中,设计师除了要对植物的空间特性、构成属性、组织方式等作为艺术表现的多方面特性了然于胸外,营造植物空间时,还需要具备植物在分布、习性、花期、体量、形态、色彩等方面的知识,完美地将艺术性与科学性有机结合在一起,共同致力于营造生态效应良好、景观视觉优美、空间特性鲜明、变化丰富多样的植物景观。

一年中春夏秋冬的四季气候变化,产生了花开花落、叶展叶落等形态和色彩的变化,使植物出现了周期性的不同相貌,就称为季相。

季相景观的形成,一方面在于植物种类的选择(其中包括该种植物的地区生物学特性);另一方面在于其配置方法,尤其是那些比较丰富多样的优美季相。如何能保持其明显的季相交替,又不至于偏枯偏荣(偏荣主要是指虽有季相,但过于单调),这是设计中尤其需要注意的。

植物配置利用有较高观赏价值和鲜明特色的植物的季相,能给人以时令的启示,增强季节感,表现出园林景观中植物特有的艺术效果。如春季山花烂漫,夏季荷花映日,秋季硕果满园,冬季蜡梅飘香等。城郊或大的风景名胜区内一般的植物季相为一季特色景观,如北京香山以观赏秋叶为主;昆明郊野公园的植物景观以春季的桃花为主。而城市公园是游人经常利用的文化休闲场所,总希望在同一个景区或同一个植物空间内都能欣赏到春夏秋冬各季的植物美,以增加不同时间游览的情趣。

3. 植物空间的构建方法

在垂直面上,植物能通过几种方式影响着空间视觉感受。首先,树干如同直立于外部空间的支柱,它们不仅仅是以实体,而且多以暗示的方式来限制着空间。其空间封闭程度随树干的大小、树干的种类、疏密程度以及种植形式的不同而不同,像自然界的森林,其空间围合感就较强。植物的叶丛是影响空间的第二个影响因素。叶丛的疏密度和分枝点的高低影响着空间的闭合感。阔叶和针叶越浓密、体积越大,其围合感越强烈。而落叶植物的封闭程度是动态的,随季节的变化而不同,在夏季,浓密树叶的树丛,能形成一个较封闭的空间,从而给人以内向的隔离感;而在冬季,同是一个空间,因植物落叶后,人们的视线就能延伸到所限定空间以外的地方。在冬天,落叶植物是靠枝条暗示空间范围的,而常绿树在垂直面上却能形成周年相对稳定的空间封闭效果。

墙能够创造边界,给予人们一种方向感,同时它还能连接公园中不同的节点,或起到封闭空间的作用。墙的形式、位置及其使用的材料均是由设计意图决定的。公园的墙既可能是由木材、砖、石、瓦或金属等建筑材料构成的,也可能是由藤本植物、树木或灌木等园林植物组成的。

在地平面上,植物以不同的高度和不同种类的地被植物或矮灌木来暗示空间的范围。在此情形中,植物虽不是以垂直面上的实体来构成空间,但它确实在较低的水平面上筑起了一道范围。一片草坪和一片地被植物之间的交接处,虽不具有实体的视线屏障,但其领域性则是显现的,它暗示着空间范围的不同。

植物同样能限制、改变一个空间的顶平面。植物的枝叶犹如室内空间的天花板,并影响着垂直面上的尺度。当然其间也存在着许多可变因素,例如季节、枝叶密度、树种类型以及树木本身的种植方式。当树木树冠相互覆盖、遮蔽阳光时,其顶平面的封闭感最强烈。

单株的或成丛树木创造了一个荫蔽的空间,当凉亭、棚架或绿廊覆盖上藤本植物的时候,就形成了园林中绿色的天棚,为游人创造了有阴凉和避风作用的空间环境。

四、景区旅游道路及游步道路设计

(一)道路的等级

道路是联系各个功能区的通道。道路的主要功能是通行,其次是休闲散步。从道路的功能和通行量划分,可以分为以下几个等级:

1. 国道

全国性干线道路，主要联系首都与各个省省会城市、自治区首府、直辖市、经济与交通枢纽、战略重地、商品基地等。

2. 省道

全省性干线道路，联系省内各个城市。

3. 城市主干道

城区内主要交通道路，连接城市各个功能区、重要节点枢纽。宽度 30 ～ 45 米。

4. 城市次干道

属于地区性道路，是与主干道相联系的辅助性交通道路。宽度 25 ～ 40 米。

5. 支路

联系各个街区、居住区之间的道路。宽度 12 ～ 15 米。

6. 街区道路

街区内部交通、出入的道路。

7. 公园主路

公园内连接各个功能区的主要道路。宽度 2 ～ 7 米，可以专供人行，也可以人、车混行。

8. 公园支路

与公园主路相联系的辅助性道路，宽度 1 ～ 5 米，可以专供人行，也可以人、车混行。

9. 公园小路

深入各个景点、功能区的道路，宽度 0.9 ～ 3 米，一般为步行者专用道路。

（二）道路的分类

根据道路性质和利用对象不同，道路可以分为以下几类。

1. 高速路

特指专供汽车分道高速行驶，至少4车道以上、完全控制出入口、全部采用立体交叉的公路。高速路是最高等级的公路，一般不穿越城区。

2. 快速路

城市道路的一种，设置有中央分隔带，汽车专用，全部或部分采用立体交叉和控制出入，联系城市内各主要地区、主要近郊区、卫星城镇和对外公路。

3. 一般道路

供行人、无轨道车辆通行的道路。路幅较小时，行人和车辆可以采取人车混行模式。一般情况下，行人、车辆需要分道分向，且中间设置绿化隔离带。

4. 步行者专用道路

汽车不能进入，只供行人和自行车通行的道路。

（三）道路布局

1. 确定出入口的位置与数量

道路布局首先应确定出入口的位置和数量。一般而言，景区和公园内为了形成环形游线，并考虑安全疏散因素，出入口需要设置两处：主出入口和次出入口。较大规模的地块，出入口也可以设置三处以上。

无论设置多少出入口，都必须有一处为主要出入口。主出入口一般位于等级较高的道路一侧，或者人流主要汇集方向上，但是一般不能设置在主要道路交叉口处。次出入口与主出入口应保持一定距离,不可相距太近。

2. 确定道路布局形态

道路布局应采用等级道路规划方法,首先确定主路、其次确定支路,最后确定小路。从数量上看,应该主路最少(一般 1 ～ 2 条),支路其次,小路最多。

主路必须连接主、次出入口,且贯穿主要功能区和主要建筑。支路从主路上延伸入功能区内,对各个功能区起到联系作用。小路则对主、支路起到补充作用,需布置到人所能到达的范围。总体而言,道路系统如同树状结构,主路为树干,支路为分枝,小路则是树梢。

道路系统的布局形态主要受到基地规模大小和形态的限制。基本模式可以分为直线形、环形、S 形、回字形。

(1)直线形。基地形状呈条状、矩形,用地规模较小,只能布置一条直行主路(图 5–37)。功能区分布在主路两侧。可以在直行主路两端各布置一个出入口,也可以只在一端布置出入口。直线形可以衍生出 L 形(图 5–38)和丁字形(图 5–39)。

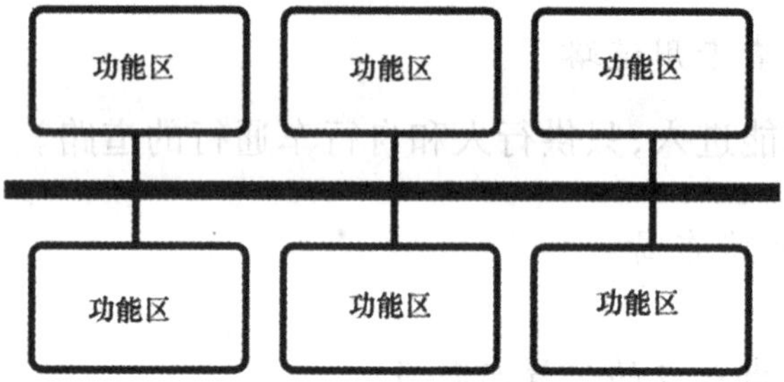

图 5–37　直线形道路布局

(2)环形。基地规模较大,可以组织环形游线。一般要求至少布置一主一次两个出入口(图 5–40)。环形可以衍生出回字形(图 5–41)。

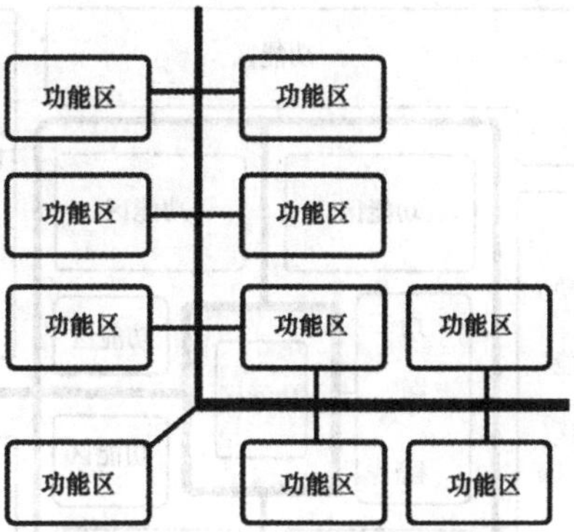

图 5-38　L 形道路布局

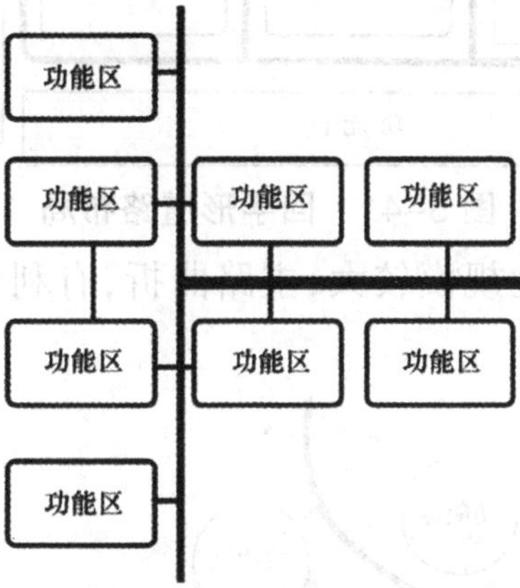

图 5-39　丁字形道路布局

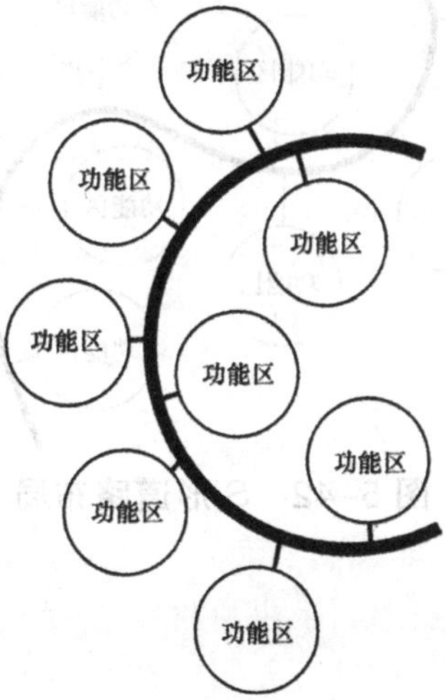

图 5-40　环形道路布局

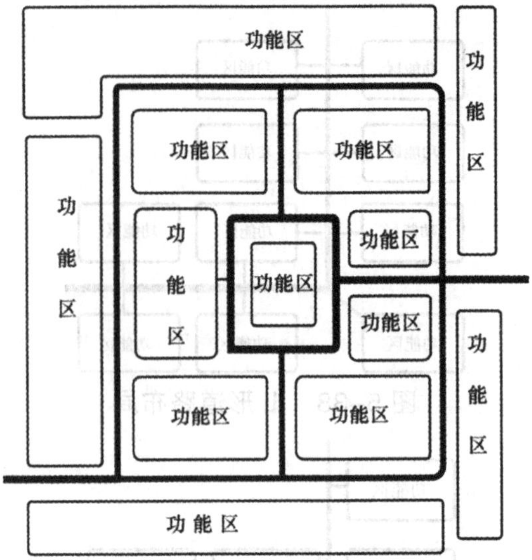

图 5-41　回字形道路布局

（3）S 形。基地规模较大，主路曲折，有利于提高布局的趣味性（图 5-42）。

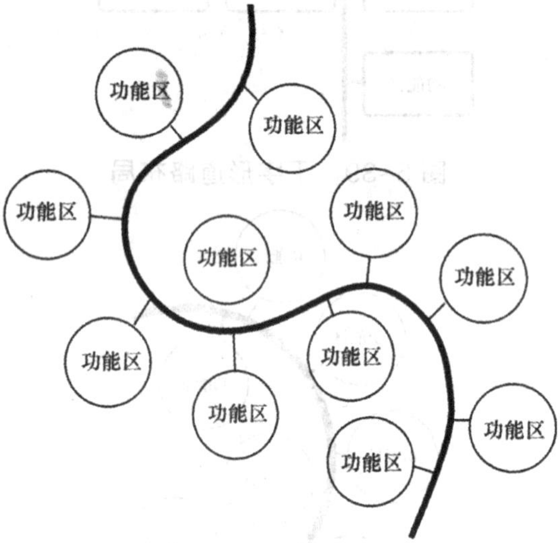

图 5-42　S 形道路布局

第二节 旅游景观提升的宏观把控

一、旅游需求

(一)旅游需求的概念

旅游需求是在特定时期内、一定的价格水平上、一定范围旅游客源地人群愿意购买而且能够支付的旅游产品的质量和数量。旅游需求是一个动态变化量,容易受到经济发展状况、国际形势等诸多因素影响而产生波动,呈现出一定的规律性和不确定性。

西方旅游学者对于旅游需求的研究始于20世纪60年代,研究文献主要侧重于对旅游需求模型与旅游需求预测的理论探索与案例研究。我国对旅游需求的研究则开始于20世纪80年代。由于旅游业发展阶段的不同,国内与国外的主流研究视角存在较大差异。国内学者的主要研究方向集中在旅游需求的影响因素、客源市场调查和规模的预测,研究方法已经从单纯的经验、主观测度,转向定量化模型分析,但由于缺乏主观(如心理)因素的分析,模型本身的可解释性受到影响。相比之下,国外学者则多利用定量化模型,同时兼顾一些主观因素,进行综合分析,取得了较好的分析效果。

(二)旅游需求的特征

旅游需求的产生是主客观多重原因共同作用的结果,而影响旅游需求的因素也是多方面的,这使得旅游需求具有复杂性、潜在性、动态性和连续性等。

1.复杂性

由于社会制度环境和消费观念的变化,以及个体之间的差异，影响旅游需求的要素千差万别，这使得旅游需求具有较强的复杂性。在进行旅游需求分析时，不仅要考虑收入、交通条件等显性要素，还要兼顾消费习惯、民族文化差异和社会制度等方面的作用。

2. 潜在性

人们对于某种商品的需求，需要特定形式的引导和宣传，才能真正转化为购买力和现实的经济效益，各种广告的作用就在于激发和培育潜在市场，为产品打开销路。潜在市场和需求的分析，是旅游规划中的一个重要环节，尤其是对于旅游业发展处于起步阶段的景区（点）而言，对于旅游需求潜在规模的正确分析、研究判断和促销，是景区（点）实现可持续发展的重要前提。

3. 动态性

在市场经济中，供求关系这一对矛盾决定了商品是适销对路还是积压滞销。价值规律这一“看不见的手”，不断地调整着市场变化，对于旅游产品的需求，也具有高度的动态性。在20世纪80年代以前，我国度假区在很大程度上是接待外宾和各级单位疗养的场所，散客旅游鲜见，景区的社会政治意义远高于经济效益。随着改革开放的逐步实施，人们的旅游需求已经成为一种生活需求。20世纪90年代我国大众旅游刚刚兴起时，人们普遍习惯于观光旅游，“上车睡觉、下车看庙”是那时候较为流行的旅行模式，而景点留念成为人们在整个旅游过程中重要的象征和目的。进入新世纪以来，随着个人收入的改善和消费观念的提升，人们不再仅仅满足于“走马观花”式的观光旅游，休闲度假、深度体验和类型多样的专项旅游产品成为时尚，体验经济时代悄然来临。

4. 连续性

旅游需求是一个随时间变化的函数，其变化也较多地表现出“渐变性”特征，即旅游需求具有一定的惯性或者说是自相关性。可以根据这一特点，通过对历史数据的分析和总结，对旅游需求的变化趋势作出科学的预测。对于缺乏历史资料的地区而言,旅游需求的预估,可以利用毗邻地区或同等规模区域的旅游发展历史数据来进行比照分析。

5. 门槛约束性

旅游需求具有明显的门槛性,这主要体现在三个方面,即交通条件、经济收入和闲暇时间的限制,旅游是有闲、有钱、有心的活动。

(三)旅游需求的产生条件

唯物主义辩证法告诉我们:"物质决定意识,意识反作用于物质……意识能够反作用于人脑,指导人们用一种物质的形态改变另一种物质的形态,从而达到改造世界和人类自身的目的。"同样,旅游需求的产生,也是人类社会发展到一定阶段的产物,它受到主客观两方面因素的共同作用。

1. 客观因素

地域差异是旅游需求产生和存在的首要前提,如果地球表层是均质区域,各地区之间不存在差别,人们就不再会产生旅游冲动。地域差异包括自然地理差异和社会文化差异两个方面。

(1)自然地理差异。即地域分异规律,是指地理环境各组成成分及其构成的自然综合体在地表沿一定方向分异或分布的规律性现象。古希腊的埃拉托色尼根据当时对地球表面温度的纬度差异认识,将地球划分为5个气候带,是最早对气候分异规律的认识;中国2000多年以前的《尚书·禹贡》根据名山大川的自然分界,将当时的国土划分为九州,这是中国最早对地貌分异规律的认识;19世纪德国的洪堡经过实地考察,研究了气候与植被的相互关系,提出了植被的地域分异规律;19世纪末,俄国的道库恰耶夫以土壤发生学观点进行土壤分类,并由此创立自然地带学说。随着对陆地表面的分异现象研究的深入,人们发现许多自然地带是不连续的,大的山系、高原还会出现垂直带现象。这些现象的出现说明除了地带性的分异规律外，还有非地带性的地域分异规律在起作用。

（2）社会文化差异。在不同的自然条件下，不同地域的人群通过世代繁衍生息，积累和传承了各自的社会文化特色，表现在政治、经济、文化、语言以及生活方式、风俗习惯等方面的差异。这些差异是在长期的历史发展过程中逐渐形成的，它随着民族和民族社会的发展而发生变化，但是不会在短期内消失，只要有民族存在，民族差别也必然存在。各民族的建筑、服饰、音乐、舞蹈、饮食是能够对其他地区人群形成强烈吸引力的显性要素，比如蒙古族的奶茶、长调、哈达、勒勒车和蒙古包，藏民族的酥油茶、短调、糌粑和牦牛，都是特定地域的象征。

2. 主观因素

主观因素是旅游活动真正成行的直接动因，这包括人类自身对于世界的好奇和探索，以及心理诉求和自我价值实现的需要。

人类自产生之日起，就从未停止过对未知世界的探求，这包括对人类所处的外界环境和物质的探索，以及对人类自身的研究。事实上，旅游的产生和发展在很大程度上都得益于人们的好奇心，早期哥伦布、麦哲伦和达·伽马对新大陆的搜寻便是最好的例证。随着现代科学技术的不断改进，人们探索未知世界的方法和视角得到拓展和延伸，人类的足迹早已突破地球的限制，而到达广袤的宇宙，航空旅游也应运而生，星际旅游已经不再是科幻读物中的虚构场景。

二、旅游目的地

（一）旅游者时间—空间预算规律

旅游是有钱、有闲、有心的活动，在经费和时间有限的情况下，旅游者都会根据个人的价值偏向安排旅游活动，由此形成了旅游目的地的时空变化规律。图 5-43 给出了休闲旅游的时空预算规律，随着自行安排时间的变化，人们会安排不同形式的休闲度假方式。实际上，在我国古代也有类似的规律，比如北京的皇家休闲度假地，半天时间的，如北海、景山等；2 ～ 3 天、小于 5 天时间的，如颐和园、圆明园和香山；10 天半个月以上的，如承德避暑山庄、木兰围场；长期拉练、练兵的，就是东北的猎场……这为旅游发展提供了旅游产品开发的科学依据。

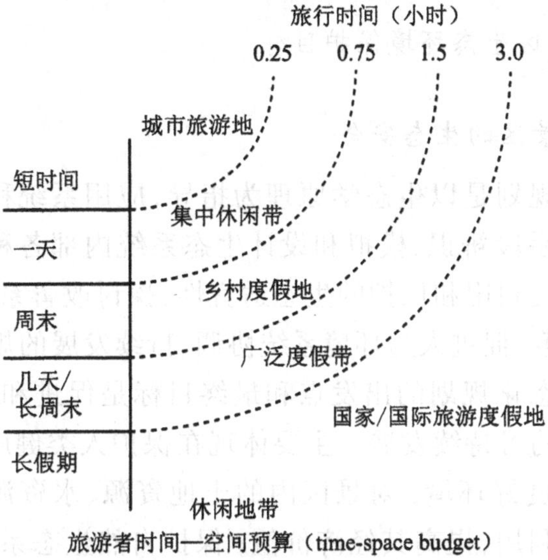

图 5–43　旅游者时间—空间预算规律

（二）时间—过程规律

在不同的社会发展阶段，旅游呈现不同的形态。第一个阶段是农业社会，和农业社会相对应的，是上层人的旅游，是高档化的追求。第二个阶段是工业化社会，和工业化初期相对应的，是中产阶层的旅游，中档化的需求。到工业化大发展时期，是大众化的旅游，标准化的服务。第三个阶段是后工业化社会，现在，西方发达国家进入后工业化时期，旅游已经成为人们生活中不可或缺的要素，相对应的就是特色化的旅游。

第三节　旅游景观提升的微观细则

一、旅游景观的生态保护

（一）景区生态环境保护目标

1. 保护景区的生态安全

生态化规划是以生态学原理为指导，应用系统科学、环境科学等多学科手段辨识、模拟和设计生态系统内部各种生态关系，确定资源开发利用和保护的生态适宜性，探讨改善系统结构和功能的生态对策，促进人与环境系统协调、持续发展的规划方法。

景区生态化规划的出发点和最终目标是促进和保持旅游景区生态环境的可持续发展。主要体现在保护人类健康，提供人类生活居住的良好环境；对景区内的土地资源、水资源、矿产资源等进行合理利用，提高其经济价值；保护自然生态系统的多样性和完整性。

2. 形成生态旅游环境，打造旅游吸引力

生态环境景观是旅游景区的重要旅游资源，好的生态环境景观令人赏心悦目，使人有回归大自然的感受。即使是人文景观也是人类对自然景观的适应的结果。江南古镇以水为灵魂，阆中古城因山水而成为风水宝地。基于良好的生态环境，旅游景区才会有吸引力。一旦生态环境遭受破坏，必然影响到景区的景观品质，旅游吸引力也会降低。浙江雁荡山风景区以溪景著名，但是因过度抽取地下水，导致多数溪流干涸，潺潺小溪流水的美丽景观不复存在。旅游吸引力减弱，影响了旅游活动。

3. 避免盲目建设，减少景区经营成本

有些地方在核心景区和近核心景区大量建造宾馆或增加床位，还有的地方放任占景建房，这种行为破坏景区的生态环境，等到意识到时又要拆除建筑物，造成不必要的浪费。如我国著名佛教圣地山西五台山风景名胜区，多年形成的乱拉乱建和商铺林立的现象，让景区应有的最原始、最珍贵的东西逐渐丧失，成为申遗路上的一块绊脚石。为申遗，五台山斥资5亿元清理违章建筑。

旅游景区生态化规划将通过生态适宜性分析，对旅游活动进行科学布局，避免在生态敏感地带进行盲目建设。例如运用生态学中“集聚间有离析”的方法可以形成较优的景区生态格局，即将土地分类集聚，并在开发区和建成区内保留小的自然斑块，同时沿主要的自然边界分布一些人类活动的“飞地”。

生态危机是现代人类面临的“全球性问题”之一，它实质上是现代人类与自然的关系的危机。旅游景区作为人类亲近自然的主要场所，也正在逐步陷入开发与保护的两难境地。旅游景区是人类的自然文化遗产，具有重要的生态、文化、经济价值，旅游景区的开发利用有巨大的社会经济效益。但是不恰当的开发建设和人类活动的过度干扰往往会带来一系列的生态环境问题：土地退化沙化、森林破坏、水土流失、环境污染、水资源紧缺等。这些问题威胁景区的生态安全，制约着旅游景区的可持续发展。因此，借助生态学原理对旅游区进行生态化规划应该成为旅游区规划的重要内容。

（二）生态资源与自然景观保护

1. 景区水体资源与流域景观保护

（1）实施大旅游景区部门管理。应会同计划、林业、水利等有关部门编制流域整治规划。通过涵养水源，扩大植被面积，旅游景观保护、建设与控制，实现对景区水体资源的有效保护与建设；同时，应会同环保部门、农业部门、工业管理部门等，规划工业污水、生活污水的治理，工业、生活废弃物的无害化处理。在景区保护水体流域范围内，积极发展生态农业，保障旅游水体质量、景区生态景观。

（2）加大流域治理力度，保护景区旅游资源。对于水源涵养区域，应恢复林草植被，严格保护现有乔、灌、草资源与湿地资源，加强对核心景区的保护，实施退耕还林、退牧还草等措施，加快植被恢复，改善景区生态环境。

2. 动植物资源与生物多样性保护

（1）加强天然林保护与植树造林。严格执行《中华人民共和国森林法》，通过各种形式开展法制宣传。加强对森林资源的科学管理和合理开发；加强天然林保护，停止天然林采伐；实施封山育林，注重宜林荒山荒地的造林；植树绿化，在河流两岸、道路两旁、景区城镇、旅游景点，植树种草，以净化空气，防止水土流失。

（2）水源涵养林与防护林体系建设。注重调动社会力量，共同建设景区的森林防护体系工作。

（3）退耕还林，营造绿色景区。按照全面规划、分步实施的原则，突出重点、稳步推进的要求，有计划、分步骤实施。加强已有成果的管护和巩固，加大基本农田建设、农村能源建设、生态移民、封山育林等措施。

（4）全面实施对湿地的抢救性保护。加强对自然湿地的保护监管，恢复湿地的自然特性和生态特征。通过建设，使湿地资源得到有效的保护。

3. 地质地貌资源的保护与强化保护意识

加大生态文明建设，通过广泛宣传，形成社会性资源保护共识，将景区资源保护与农业生产、基础设施建设紧密结合，形成当地文明建设的重要组成部分。

（三）山体旅游资源的保护

结合退耕还草还林等工程，恢复山体自然景观，通过基础设施建设的生态恢复工程,避免对环境的破坏。

(四)水环境保护措施

1.加强制度化管理

认真贯彻执行《中华人民共和国水污染防治法》《中华人民共和国水污染物排放许可证暂行办法》等有关水环境保护的法律、法规。实施排污许可证申报登记和排污许可证制度,逐步实施排放污染物总量控制。景区建设须完成水环境功能区划和饮用水源保护区划定工作,旅游景区开展水上游乐体育活动,要充分进行生态论证。

2.严格旅游景区水质管理

划定地下水源保护区。饮用水源水质、水功能区和地表水全部达到国家规定标准。景区水体开发要严格遵守不破坏水质的原则。旅游度假休闲设施只能在严格保护水质的前提下适度开发。拦洪水库、蓄水池和其他观赏水面均应有保护水质良好的工程措施。

3.防止旅游景区水体污染

加强废水处理设施的管理,提高其运转率、处理率和达标率,主要旅游区逐步建设污水处理厂(站)。服务区和旅游区的生活污水处理达标后方可排放。设立景区拦污设施,完善监管与清淤制度,防治景区水体受到汽油、生活污水、垃圾污染,禁止向地下水体排放污染物,加强地下水的保护。

(五)固体废弃物治理措施

以维护景区旅游产业的清洁化生产为目标,对旅游景区(点)卫生环境实施治理保护。

1.景区厕所卫生系统建设

以中、高档的节水环保型公厕、无污染的免冲生态厕所、以及相应管道与粪便处理设施为主，系统化建设景区厕所卫生系统。首先，建设足够的达标旅游厕所，厕所的布局及男女厕所的厕位间比例要合理，实现粪便排放管道化与粪便的无害化处理，形成严格的管理制度。其次，高、中档厕所拥有冲水、通风设施，公厕依据人体工程学，结合接待设施、景点或休息点设置，地点隐蔽，指示明显。最后，建筑造型、色彩及格调与环境协调，并要求及时打扫、清理。

2. 景区垃圾收集、清运、处理系统建设

垃圾箱、果皮箱要规划于合理地点，依据人体工程学安置，并保障足够的数量。依据废物回收资源化的循环经济理念，对景区废弃物实施分类回收。景区生活垃圾和餐饮、服务业所产生的垃圾，应设置垃圾收集仓集中临时性储存，定期专用清运。各景区应将垃圾清出景区，通过废弃物资源化与无害化处理设施，进行集中处理。加强环卫队伍建设，做到专门机构和人员负责旅游区（点）内的环卫工作。

3. 发展景区生态经济与循环经济

对垃圾实施分类收集、无害化处理、制造沼气等综合利用处理方式。在旅游车船上，配备必要的废弃物收集器具。

严格对管理一次性用品，对一次性餐盒采取定点回收的办法。严格控制塑料袋的使用，并定期拣拾回收。旅游景区减少一次性产品的使用，如餐具、水杯等。

景区内采用各种生态环保设备。如电瓶车、太阳能路灯、无氟电冰箱；不使用含磷洗涤剂；不使用难于降解的包装材料等。尽量减少观光游览活动对自然环境的消极影响。

完善景区内水、电、路、气、通风、燃气、垃圾清运再处理等各项设施，为景区提供清新的环境。

积极推广景区服务企业清洁技术，减少污染物排放，主要景区核心区做到无污染企业和单位。

(六)噪声与空气污染控制

为游客提供良好的绿色休闲空间,同时防止旅游噪声污染,严格控制景区大气环境与噪声环境。

(1)旅游景区使用低污染清洁能源,严格控制大气中的含酸量、含硫量,最大限度地使用天然气、电、太阳能等清洁能源。

(2)景区内使用对尾气排放和噪声进行严格控制的专用观光车(机动),也可配置具有地方特色的交通工具。

(3)旅游景区内的饮食服务业要求使用优质能源和配置油烟净化设备,减少污染气体排放。限制尾气不符合排放标准的车辆通行。

(4)降低噪声污染。旅游景区为禁鸣区,禁止汽车喇叭鸣放,降低噪声污染。在河、湖、水库等水面上,采用低噪声的游览船只。对于噪声较大的旅游活动区,应注重隔音绿化带的建设。

二、旅游目的地文化的可持续发展

在旅游这一主客体跨文化交流的活动中,鉴于旅游对目的地社会文化产生的积极和消极方面的影响,人们对待目的地宝贵的传统特色文化,既不能因循守旧,故步自封,阻断旅游目的地文化合理的发展进程;也不能只是迎合旅游者需求,在目的地传统民族文化舞台化、扭曲化的过程中,使得当地文化日益衰退,逐渐被外来文化、现代文化所同化。因而,为了达到合理的保护、发展旅游目的地文化的目的,旅游目的地的开发应采取合理的发展模式,旅游目的地要探讨一种能达到以上双重目的的旅游开发模式——旅游的可持续发展。

(一)可持续发展

可持续发展的概念最早是1972年在斯德哥尔摩举行的联合国人类环境研讨会上正式讨论的,会上提出了“只有一个地球”

的口号,并要求经济发展与环境相协调。

1987年世界环境与发展委员会在《我们共同的未来》报告中第一次阐述了可持续发展的概念,得到了国际社会的广泛共识。可持续发展是指既满足现代人的需求又不损害后代人满足需求的能力,也就是指经济、社会、资源和环境保护协调发展,它们是一个密不可分的系统,既要达到发展经济的目的,又要保护好人类赖以生存的大气、淡水、海洋、土地和森林等自然资源和环境,使子孙后代能够永续发展和安居乐业。可持续发展的核心是发展,但它是在严格控制人口、提高人口素质和保护环境、资源永续利用的前提下实现经济和社会的发展。

1992年联合国环境与发展大会通过了《里约热内卢环境与发展宣言》及《21世纪议程》,把可持续发展由概念和理论推向实际行动。中国政府参加了会议并签署了《21世纪议程》,并于1994年率先制定了《中国21世纪议程》,提出了中国可持续发展的总体战略。

可持续发展包含两个基本的要素,即“需要”和对需要的“限制”,它将有关协调和管理人类活动的两种基本思路——追求发展和控制人类活动对环境造成的有害影响——结合在一起。从历史的角度来追溯可持续发展的思想,可以看出人类实质上经历的是一条自然发生、与经济发展产生矛盾再回归到可持续发展的过程,如表5-1所示。

表5-1 可持续发展思想在历史上的演化过程

阶段	描述
第一阶段	▶可持续状态
时间	▶前工业化社会时期
原因	▶人们很自然地生活在可持续状态,因为过度使用导致迁徙和饥荒,或者,由于人口稀少而影响甚微,或者由于技术水平的限制而遏制了发展的水平(生存是第一动力)
结果	▶发展与自然之间是一种共生的关系

续表

阶段	描述
第二阶段 时间 原因 结果	▶有限的可持续状态 ▶工业化时期 ▶认为不必对人类、对自然的作用加以限制(经济是第一动力) ▶尚未过分强调经济增长,发展的同时强调保护
第三阶段 时间 原因 结果	▶非可持续状态 ▶后工业化时期 ▶过度强调经济增长,不计环境成本 ▶以经济增长为导向,进一步损害后代赖以生存的自然资源基础
第四阶段 时间 原因 结果	▶回归到可持续状态 ▶目前及不远的将来 ▶需要向后代承担经济与道德责任,而且环境问题也已经严重到不可忽视的程度 ▶在生态限制范围之内实现经济增长与发展、环境保护与经济发展互惠

可持续发展不仅是资源、环境、生态方面的问题,现代社会对可持续性的要求已经扩展到人文、社会、文化的各个方面。

（二）旅游的可持续发展

旅游的可持续发展是人类的一种负责任的旅游观念,它使人们重新审视自己的旅游行为,从更加宏观的角度认识到旅游资源的稀缺性。

所谓的旅游可持续发展,就是在保持和增进未来发展机会的同时,满足旅游者和旅游地居民当前的各种需要,或者说是对各种资源进行高效管理,促使人们在保持文化完整性、基本生态过程和生命维持系统的同时,满足经济、社会和美学的需要。可持续的旅游发展是世界旅游组织的一项重要政策。

1990 年在加拿大召开的 Globe90 国际大会上对可持续旅游发展的目标的表述可以较全面地反映可持续发展的内容,具体如下:

（1）增进人们对旅游所产生的环境效应与经济效应的理解,强化其生态意识。

（2）促进旅游的公平发展。

（3）改善旅游接待地的生活质量。

（4）向旅游者提供高质量的旅游经历。

（5）保护未来旅游开发赖以存在的环境质量。

其中核心内容是保证从事旅游开发的同时不损害后代为满足旅游需求而进行旅游开发的可能性。

1995 年 4 月在西班牙召开的旅游可持续发展会议上通过的《旅游可持续发展宪章》进一步指出：旅游可持续发展的实质是要求旅游与自然、文化和人类的生存环境成为一个整体，以协调和平衡彼此间的关系，在全球范围内实现经济发展目标与社会发展目标的统一。

总之，旅游业的发展在很大程度上依赖于现有的资源，它是对现有资源和历史文化遗产的消费活动，旅游活动对生态系统的稳定性和可持续性的影响尤其明显，也最为严重。旅游的影响力波及经济、社会、环境的各个方面，直接干扰着社会经济、生态环境、地域文化等的自然演进过程，对旅游业实施可持续发展的策略具有重要的意义和现实价值。

旅游的可持续发展有利于提高旅游者的体验水平和满足感，有利于保护目的地旅游资源的相对完整性，有助于保护目的地社会环境、文化风俗的特色性和生命力，有利于实现旅游资源在人类社会时间（代际）和空间（地域）上共享、分配的相对公平性。现在旅游界比较推崇的“生态旅游”“绿色旅游”“乡村旅游”等实质上是在实现旅游可持续发展道路上的一系列探讨，也是旅游可持续发展过程的重要环节。

（三）旅游目的地文化的可持续发展

旅游的可持续发展涉及经济、生态环境、社会文化等各个方面。对于旅游目的地而言，在旅游活动的频繁影响下，旅游目的地文化（在旅游主客交流中一般处于弱势）的脆弱性较为明显，而文化总是与一定的社会环境和经济条件相适应，文化的演进与蜕变从时间角度上来讲具有一维性和不可逆性,旅游目的地文化一旦受到高频度旅游活动的影响,其文化特色就会迅速退出历史舞台,所以对旅游目的地文化加大保护力度是必需的。但是从另一个角度来讲,文化也有其通过“采借”“交流”寻求自我发展的过程,即使旅游目的地文化需要保护也不能阻断这种文化的自我完善和自我演进的过程。因而,从人类生态学的角度来讲,旅游目的地文化也应纳入生态保护与开发的范畴。

对旅游目的地文化的生态保护和发展是维持世界文化多样性的必然选择。2001 年 11 月联合国教科文组织通过了《文化多样性宣言》,宣言指出,“文化在不同的时代、不同地方具有不同的表现形式,文化多样性对人类来讲就像生物多样性对维持生态平衡那样必不可少”,“文化多样性是人类的共同遗产,应该从当代人和子孙后代的利用考虑予以承认和肯定”。但是在现代,文化特色明显的地区往往同时是经济上比较落后的地区,它们也有发展的权利,我们不能因为要保留住“文化多样性”而损害这种发展的权利,这就需要寻找一种更好的解决途径和行之有效的办法,联合国教科文组织的官员爱川纪子认为:“传统的文化表达必须适应现代化生活才能保证生存下去,挑战在于找到积极的具有社会基础的、合法性的方法来保证无形文化遗产在将来的生活和活力。”其中最有效的办法就是旅游目的地文化的可持续发展。

“可持续旅游发展”的核心还是在于发展,表现在文化方面就是促使旅游目的地寻找到一种可持续的发展方式和实现途径。旅游目的地文化的可持续发展就是在保护目的地文化特色和差异性的同时,又不能阻断其文化自然演进历程的文化开发与发展模式。从旅游目的地居民的角度来讲,加强自身文化的认同,改变以往对旅游者文化的被动适应,以主动的姿态参与到旅游跨文化交流中是保证旅游目的地文化可持续发展的最好办法。

旅游目的地居民以主动的姿态参与到旅游活动中,必须首先强化对其自身文化的深刻认同。这在民俗旅游中表现得尤为突出,人类学家彭兆荣认为:民族旅游从某种意义上说是检验一个民族自我认同的能力,它可能使传统的民族认同感受到削弱甚至完全丧失,也可能使民族认同得到加强,因此在实施民族旅游行为中,民族认同需要格外提醒。这就要求旅游目的地地区、民族开发旅游的过程中,在加强民族认同、保证本民族文化主导性地位的前提下,在保护自己民族文化核心价值不受损害的基础上,对其他外来文化的核心价值保持一种宽容的态度,有辨别地吸收外来文化的优秀成果,是旅游目的地文化可持续发展的重要途径。

旅游目的地文化的可持续发展也就是旅游目的地文化调适的过程。在跨文化交流的旅游活动中,旅游目的地相对于旅游者来讲,其作为文化"受众"的可能性和几率都是显而易见的,面对来自世界各地的文化冲击和文化碰撞,面对传统文化保护与文化发展的矛盾,旅游目的地必须首先进行文化调适,在实现文化均衡的基础上稳步发展。

根据国内外学者的研究成果,旅游目的地进行文化调适主要表现在以下几个方面。

1. 协调旅游目的地文化民族性、地域性与外部性、世界性的均衡

旅游是跨地域的人的流动过程,旅游者作为客源地文化的载体在旅游活动中与旅游地居民进行文化交流。因而,从地理学的角度来讲,旅游目的地文化要处理在同一时间内本土文化与外部地域文化的关系,积极吸收外来文化中有价值的东西,同时避免民族文化特色的消失和削弱。旅游目的地可以在旅游资源开发、旅游企业经营管理等诸环节合理利用外来文化的某些形式和内容来嫁接与改造民族文化,或者赋予外来文化以民族特色,这既能促进旅游者对目的地文化的认同和理解,又能为目的地文化再创造提供新的动力。例如,京剧与交响乐的嫁接、中餐西吃或西餐中吃等都是比较成功的尝试。

2. 处理好旅游目的地文化本真性与商品化的均衡

旅游者探求异地文化的一个重要动机就是在具有“真实性”的异地文化中增长见闻，丰富个人的主观体验，因而旅游目的地的“文化真实”是对旅游者极具吸引力的元素。这里所谓的“真实性”或“非真实性”实质上是指这些元素是否是其文化的原生态。在旅游者追求文化原生态、真实性的同时，大量旅游者的到来，旅游者旺盛的“文化消费”需求又不可避免地加速着文化工艺品批量生产、文化真实“商品化”的进程。因而，要实现文化真实与商品化的均衡，首先应引导目的地居民端正地域、民族文化与追求经济利益的主次地位，树立长远目标；其次，在保护目的地文化内涵的基础上可以适度地以“舞台化”（如“民俗村”“文化节”等）的形式将文化真实表现出来，但是“舞台”表演的真实必须以“后台”的封闭性和神秘感为前提。这也就是说，将对旅游者开放的旅游区域与目的地居民日常生活的区域有目的、有针对性地分离开来，将外来文化的扩散范围和旅游者对目的地文化的影响尽最大努力地控制在一定范围之内。

3. 尊重旅游目的地文化传统性与其现代化发展之间的均衡

旅游是一种复杂的文化现象。旅游者既有追求目的地文化传统性和真实性的要求，又有对旅游服务和旅游设施现代化的要求，旅游者这种需求上的矛盾统一为目的地文化调和与变迁提供了挑战，也创造了可能性。只要端正好目的地传统文化精髓的主导地位，在非实质内容（如在设施、设备、管理理念等）方面加快现代化进程，就能把握住问题的关键。陈传康认为旅游文化具有明显的二元结构——传统性与现代化的极化互补结构，只有建立合理的二元结构才能更好地促进旅游业的发展和提高，他对旅游业各环节的二元文化结构特征的概括如表 5-2 所示。

表 5-2 旅游业各环节的二元文化结构特征

环节	传统性特征	现代化
风景	传统、天然为主	现代为副
娱乐	传统为补充	现代为主
购物	传统地方产品	现代新产品,传统工艺品结合现代内容
餐饮	传统的茶道、酒道和餐道方式的复兴	世界食品饮料大交流
接待服务设施	传统外表或形式更有吸引力	现代设备和内容
管理	需要有传统文化知识	现代管理

(四)旅游目的地实现可持续发展目标必须遵循的原则

1. 旅游规划和开发过程中的整体规划和决策原则

旅游目的地的可持续发展是指其环境、经济、社会文化等全方位的综合性的可持续发展,因而在目的地旅游规划和开发过程中,要对目的地资源、环境、社会文化等进行统筹规划,在充分掌握目的地资源禀赋条件的基础上,从全局的角度设计目的地旅游发展的长远思路,明确在现代的技术条件和市场环境下,哪些资源可以用来开发,哪些资源必须要限制性开发甚至完全不能开发,从而作出有利于旅游目的地可持续发展的正确决策。

2. 保护旅游目的地生态原则

旅游目的地的生态保护有两个层面的意思,即环境生态和文化生态两个方面。旅游目的地强调保护生态过程的重要性必须从本地居民和旅游者两个角度来强化生态保护的意识。首先从行政的角度加强干预,地方政府颁布所允许进行旅游活动的范围、形式和力度,用良性的手段引导旅游企业的经营活动,杜绝"掠夺性开发";其次对旅游者加强生态保护意识,主要是通过社会宣传及旅行社、导游人员的引导和配合来实现,旅游目的地在其中起到的作用不大;最后提高目的地居民生态保护的意识才是旅游目的地可持续发展的关键所在。

3. 保护人类遗产和生物多样性原则

这条原则与强调生态保护如出一辙，只不过“强调保护生态过程”是从旅游者和目的地居民的意识层面加以引导，而本原则将旅游过程中的生态保护落实到具体层面。人类遗产和生物多样性分别代表了旅游目的地人文环境和自然环境的两个方面，也是其中最具代表性和最重要的环节，是旅游目的地实现可持续发展工作的重点。

4. 预警原则和临界点原则

旅游业的发展涉及各种旅游活动的开展，预警原则是指在旅游开发之前首先假定项目的开发和旅游者活动的开展可能会造成对环境的破坏，从而要求开发使用旅游资源的有关企业或组织承担起保护环境的责任，保证旅游开发行为不会对当地的环境造成重大破坏性的影响。而临界点原则是与预警原则一脉相承的。环境系统（自然、人文）本身具有一定的协调功能，对于各种人类活动有一定的承受能力，但这种承受能力是有一定限度的，这就要求人们在进行旅游开发和设计旅游活动时，要对其规模和频率进行控制，关注旅游区环境承受能力的临界点，这也是设置旅游容量的目的。

5. 持续发展原则

可持续发展的一个重要目的是从时间维度上实现资源分配的“代际公平”。旅游的可持续发展就是要强调通过对旅游目的地有节制地保护性甚至是限制性开发，降低旅游活动对旅游目的地生态环境、旅游资源造成的破坏，人为地延伸它们的可利用期限和生命力，以使旅游目的地的自然、人文旅游资源能够尽可能地持续到未来更长的时间。

第六章 旅游景观的欣赏与评价

美学是研究审美对象和审美主体及其关系的科学。能满足审美需要是景观的最基本也是最主要的特性,因此,旅游景观设计必须以美学理论为指导。

第一节 旅游景观的美学分析

关于美的本质,古今中外美学家做过深入探索,虽然至今没有形成统一的观点,但是已触及了美的本质,这些研究为后人认识美的本质奠定了基础或者提供了很好的线索。形成了"主观说""客观说""主客观说"等不同观点。从现实的分析看,审美现象与主观和客观都有关系。尽管美是客观存在的现象,但是必须符合主观审美心理才有美感。哲学家康德认为,"美是无一切利害关系的愉快的对象"。正如蔡仪所说,"美就是能引起人类美感的事物"。李泽厚认为,"美是自由的形式"。此外,客观事物并不是所有属性都美,而是事物的部分属性。能满足物质需要的那部分属性就不能令人产生美感,只能令人产生一般层次上的愉悦;而能满足精神需要的部分属性就会令人产生美感。例如:一个苹果,美味可口,可以充饥、满足食欲,也能令人产生愉悦,但是这是属于物质层面的属性;其形态和色泽具有观赏价值,令人产生超脱性的忘却功利的愉悦感受,是属于精神层面的属性,超功利性也是美感的重要特性。

有一种观点认为,美即生命或生命力的表现,这种解释也是颇有道理。按照这种观点，任何事物，凡是呈现生命的形式，能体现生命的精神，能显示生命的价值，那就是美的。生命力旺盛的植物，健康强壮的动物，健康的人都是美的。健康人的体型、肤色、眼神都具有美感。因为是旺盛生命力的表现。病美人是不够美的，健康的人脸色红润、神采奕奕，能显示出旺盛的生命力，人人都喜欢看；而病态的人面色无神采，萎黄、发青、变灰、目光无神，就没有审美价值了。

第二节　旅游景观的欣赏原理

一、园林景观的空间审美

（一）观赏方法

景观线，即观赏风景的线路，是将园中佳景巧妙组织，能渐入佳境，又不重复雷同。景观线要曲折迂回，曲径方能通幽，移步换景，不断变化。内简外繁，引人人胜。景观的空间组合要有大小开合、高低、疏密、明暗。

观赏点，观赏风景有动观和静观两种形式。一般观赏点要看到风景点的近景、中景、远景，还可看侧景和全景，要有层次感、立体感、变化感。

特写景，园林中除布置大面积风景外，还应有风格独特、别具一格、小巧玲珑、精雕细刻的景物，这就是特写景。以小、精见长，目的是有利于游客观赏，丰富游客视觉，如特殊的植物、花木、盆景、叠石，水馆观鱼，碑刻雕塑，园林小品，如扬州小金山的“枯木逢春”。

（二）造景领会

引景，吸引游客前来游览，如山顶筑一亭子，游客必然想向山上登；岛中置一亭，游客必然想泛舟渡水去看一看；漏窗是通过泄景而引景，漏窗中一枝红杏过墙，必然吸引动游客透过漏窗入园详观。

点景，一说是点缀，比如漫游长堤之上，如果堤太长，会单调乏味，长堤中建一亭，作为点缀，必然调动游客游兴；二说是以一词一语点出景物特征和意境。三亚的天涯海角是点在海边巨石上的，西湖十景中平湖秋月、苏堤春晓、三潭印月是点在碑上的。其实两种说法又可融合，比如卢沟桥就是在桥头建一亭，内有乾隆题写的“卢沟晓月”碑刻。

借景，园林之妙在于借，就是把园外的景物巧妙组合到园内，以充实园内空间，丰富园内景色，使园内外景色融会成一个整体。承德避暑山庄借了外面的山石景磬锤峰，还据此在园内修了一亭，康熙亲题“锤峰落照”匾额，于是内外呼应，成为“康熙三十六景”中的一景。再看这锤峰傍晚时倒影落入湖中，蔚为大观，于是借景成了实景。之后人们又将其和另外立于三冈之巅的亭“北枕双峰”“南山积雪”“四面云山”合在一起，四隅环立，遥相呼应，又成为造园艺术中对景的范例。借景有多种形式，《园冶》一书中有远借、邻借、仰借、俯借、应时而借等，好处是“物情所逗，目寄心期，似意在笔先”。

藏景，即园中园，可形成大中见小、小中见大的对比效果，丰富景色，引起游客的神秘感。

（三）自然美欣赏

动静兼顾，静观，审美者以静止方式，全神贯注，让自己的意念渐融入客体世界，可以静观静，用静止的方式审视静止的事物；以静观动，用静止之法审视动态的景物，便于捕捉到观赏的对象，通过静止人和动态物二者的位置差体会景物的动态美。动观，审美者以步行、骑马、乘车等方式欣赏自然物。以动观静，欣赏者通过角度位置的不断变化，造成所观察到静止景物也在运动，给予静止景物以动态的美；以动观动，就使动景在稍瞬即逝中变幻莫测，扑朔迷离，有万里春光收不尽之感。

登高凭临，借助高处优势，将远方大范围的整体景观尽收眼底，使心胸开阔，心旷神怡。

注重对比，将自然事物不同景物的形态、声音、色彩对比，指出事物自身的特征；将虚实景物对比，具体实物清晰和虚幻朦胧模糊景物对比，使自然景色画面有了层次感、纵深感。

情景交融，对自然审美的过程中，加入人的情性，使自然人格化、情感化，使眼中的自然万物有人的思维、人的行为、人的情感。

（四）人工美欣赏

从社会意蕴中把握，人类的创造性活动中体现了审美要求，人工美必然蕴涵着一定的社会生活内容。而且成为人类生活的背景，构成人类生活的物质世界，成为社会生活的一部分。它还让人们走进历史，探究其源头及演进。

从具体特征中欣赏，建筑、书画、雕塑、工艺、园艺等，其内容主要表现于从各自的功能、技术、艺术上，从内容出发，可以领略到它们的具体特征。

从与自然的关系中领略，人文景观不是孤立的，它总是存在于一定的环境中，尤其是自然环境，一处看似并无独特之处的人文景观如果联系周围自然环境，就会大放异彩。

从生活风情中感受，既通过对人文景观的观赏去认识和体验某种社会生活，又通过体验生活风情更深入地感受人文景观当是旅游审美的重要方式。不同的地域、不同的民族，都有不同的生活形态，由此出发就会立体把握人文景观的外壳，更会感受到它的脉搏和血肉。

二、我国山水审美的要素

我国山水审美的第一要素是形象美，按中国自然景观的审美观念，形象美从微观上分为雄伟美、秀丽美、险峻美、奇幻美、幽静美、旷达美。

第二要素是季节美，水景和山景都是特定时空的凝固物，当在不同的时令，用不同心境去寻觅，春景烟云连绵人欣欣，夏景嘉木繁荫人坦坦，秋景明净摇落人萧萧，冬景阴霾翳塞人寂寂。这种灵动变幻之美无疑给人们观赏山水之景带来了更多的情趣和享受。

第三要素是色彩美。色彩是物质的一种基本属性，能够在感官上给人以强烈的刺激。从心理学的观点来看，物质的色彩是人获得的对物质的第一认识，其次才是物质的形态。这一原理同样也适用于自然景观。自然景观中姹紫嫣红的花草树木，绚丽斑斓的鸟兽虫鱼，光彩夺目的落日晚霞，给人以一种心理上的愉悦和舒适。其原因在于色彩能够给人带来一种十分自然的心理反映，从而调动人的情绪。自然景观之中丰富的色彩给人带来十分多样的情绪影响，从而使人获得轻松愉快的体验。色彩给人带来振奋体验的原因还在于色彩给静物带来了动感，使得原本单调的精致变得更有生机。

第四要素是听觉美，声音是大自然山水景的又一个吸引因素，有的来自水体，水体自身的流动或受外力冲击，都会发出响声。由于水体大小不同、流速不同、落差不同、拍击的物体不同，形成游客不同的感受。巨大的水体会发出雷鸣般的声响，“禹门三级浪，平地一声雷”。黄河壶口，“四时雾雨迷壶口，两岸波涛撼孟门”，未见其面先闻其声，几里地外便震人心肺，黄河咆哮在壶口表现得最为激奋。河底石岩被冲刷成一巨沟，滚滚黄水奔腾至此，倒悬倾注，犹如万头猛兽束入笼中，千条蛟龙困于一牢，惊涛怒吼，拍岸击石，其声如雷，数里可闻。观赏者大有“岸在云雾中，人在浪中行”之感。细小的水体会发出细柔的声响，使自然山水增添诱人的效应。古人形容黄山鸣弦泉“弦中有流水，石上发清音”，落泉拍击空石，发出动听的琴瑟之音。无锡八音涧、普陀山潮音洞都是因水的声音借助于周围山体、树木、洞穴之间交互作用而发出抑扬顿挫的声响，会使人陶然若醉。古今中外多少诗文在赞颂着水体景观的音响。

第五要素是气味美，自然景观素以清新、淡香的气味吸引游客，气味美中最典型、最普通的是花香，无一山水景周围不栽花种树，水润花更香，花香映水香。确实植物的茎、叶、果，甚至皮都有发出香气的。大自然中有香山，北京的香山花木满山，尤其是秋天，黄栌换装，清香阵阵，漫山红遍，如火如荼。陕西耀县的香山，松柏成林，香韵庄重。大自然中还有香河、香泉、香溪。

第三节　不同类别旅游景观的欣赏

一、山岳景观

山岳都是经过漫长而复杂的地质构造作用、岩浆活动变质作用与成矿作用才得以形成我们现在看到的形形色色变化奇特的岩体。据统计，地壳中的岩石不下数千种，按成因可以分为火成岩、沉积岩以及变质岩三大类，其中最易构景的有花岗岩、玄武岩、页岩、砂岩、石灰岩、大理岩等少数几种。不同的岩石由于其构成成分的差异，有的不易风化和侵蚀，一直保持固有状态，有的又极易风化而形成各种特征迥异的峰林地貌，这才使得作为大地景观骨架的山岳形态各异。再加之树木花草、云霞雨雪、日月映衬，这才使得山岳景观呈现出雄、险、奇、秀、幽、旷、深、奥的丰富形象特征。

（一）山岳景观的特征举要

1. 雄壮之美

具有雄伟、壮丽特征的山岳景观常常引起人们赞叹、震惊、崇敬、愉悦的审美感受。如泰山巍峨耸立，以“雄”见称（图 6-1）。汉武帝游泰山时曾赞曰：高矣、极矣、大矣、特矣、壮矣。

图 6-1　壮美泰山

2. 秀丽之美

秀丽的山峦常是色彩葱绿,生机盎然,形态别致,线条柔美。峨眉山以“秀”驰名。峨眉山海拔虽高但是并不陡峭,全山山势蜿蜒起伏,线条柔和流畅,给人一种甜美、安逸、舒适的审美享受。除此之外还有黄山的奇秀、庐山的清秀(图 6-2)、雁荡山的灵秀、武夷山的神秀。

图 6-2　秀丽庐山

3. 险峻之美

具有险峻特征的一般是坡度很大的山峰峡谷。华山素以“险”著称。仰观华山,犹如一方天柱拔起于秦岭诸峰之中,四壁陡立,奇险万状(图 6-3)。

图 6-3　险峻华山

4. 幽深之美

具有幽深之美的山岳景观，常以崇山深谷、溶洞悬乳为条件，辅之以繁茂的乔木和灌木，纵横溪流，构成半封闭的空间。这种景观视野狭小而景深较大，有迂回曲折之妙，无一览无余之坦。优美在于深藏，景藏得越深，越富于情趣，越显得优美。四川青城山之美在于“幽”，这种幽深的意境美，使人感到无限的安逸、舒适、悠然自得(图 6-4)。

图 6-4　幽深青城山

5. 奇特之美

富有奇特之美的山岳景观往往以其出人意料的形态，给人一种巧夺天工而非人力所为的感叹。黄山以“奇”显胜，奇峰怪石似人似兽，惟妙惟肖(图 6-5)。

图 6–5　奇特黄山

（二）火成岩

火成岩又称为岩浆岩，它是由岩浆冷凝固结而成。岩浆是处于地下深处（50～250 千米）的一种成分非常复杂的高温熔融体。它可因构造运动沿着断裂带上升，在不同的地方凝固。若侵入地壳上层则成为侵入岩，若喷出地表则成为喷出岩或火山岩。其中与山岳景观关系最为密切的是侵入岩类的花岗岩与喷出岩类的玄武岩。

1. 花岗岩

在漫长的地质历史过程中，露出地表的花岗岩体经过断裂、破碎，以及流水、冰川等“大自然艺术师”的雕琢之后，往往形成奇妙的地貌，这些区域山体往往高大挺拔，山岩陡峭险峻，气势宏伟，岩石裸露，多奇峰深壑。由于其表层岩石球状风化显著，还可形成各种造型逼真的怪石，具较高的观赏价值。著名的有海南的“天涯海角”“鹿回头”“南天一柱”（图 6–6）；浙江普陀山的“师石”；辽宁千山的“无根石”；安徽天柱山的“仙鼓峰”和黄山的“仙桃石”等。

我国众多名山中，有不少是由花岗岩构成的山岳景观，其中以华山、黄山、雁荡山及三峡神女峰的景色最为著名。

图 6-6　海南的“南天一柱”

2. 玄武岩

玄武岩是岩浆喷出地表冷凝而成的基性火成岩，常呈大规模的熔岩流，它的景观特点是由火山喷发而形成的奇妙的火山口。其熔岩流形态优美，如盘蛇似波浪。我国黑龙江五大连池就是典型的玄武岩火山熔岩景观（图 6-7）。

图 6-7　五大连池玄武岩火山熔岩景观

我国西南部景色秀丽的峨眉山，其山体顶部大面积覆盖的也是玄武岩，称“峨眉山玄武岩”。

（三）沉积岩

沉积岩地质景观是在地表或接近地表的范围内，由各类岩石经过风化、侵蚀、搬运、沉积和成岩等作用以及某些火山作用而形成的岩石。其主要特征是具有层理，一层层的岩石就像一页页记录着地球演化的书页，从中能寻找到地壳演变过程中，曾经发生的沧桑之变和古气候异常的遗迹。在沉积岩的造景山石中，尤其以红色钙质砂砾石、石英砂岩和石灰岩构成的景观最具特色。

1. *红色钙质砂砾石*

我国南方红色盆地中沉积着厚达数千米的河、湖相沉积红色砂砾岩层，简称红层。由于红层中氧化铁富集程度的差异，使得这些岩石外表呈艳丽的紫红色或褐红色，构成所谓的“丹霞地貌”景观。这里赤壁丹崖、群峰叠嶂的奇峰怪石，座座“断壁残垣”、根根“擎天巨柱”、簇簇“朱石蘑菇”，其势巍峨雄奇，精巧多姿，在我国南方众多的丹霞景观中，数广东仁化县的丹霞山和福建武夷山最负盛名（图 6-8）。

图 6-8　武夷山丹霞地貌

2. *石英砂岩*

石英砂岩层理清晰，岩层大体呈水平状，层层叠叠给人以强烈的节奏感。岩石硬度大，质坚硬而脆。在风化侵蚀、搬运、重力崩塌等作用下岩层沿着节理不断解体，留下中心部分的受破坏力最小的岩核，即形成千姿百态的峰林景观。我国最典型的石英砂岩景区就是以“奇”而著称天下，被誉为自然雕塑博物馆的湘西张家界国家森林公园，其景区内石英砂岩柱峰有几千座，千米以上柱峰几百座，变化万端，栩栩如生（图 6-9）。

图 6-9 张家界石英砂岩柱峰

3. *石灰岩*

石灰岩是一种比较坚硬的岩石，但是它具有可溶性，在高温多雨的气候条件下经岩溶作用，形成千姿百态的岩溶景观，如石林、峰林、钟乳石、溶洞、地下河等景观。岩溶地貌，也叫喀斯特地貌，是水对可溶性岩石进行溶蚀后形成的地表和地下形态的总称。喀斯特原为南斯拉夫西北部的一处地名，19 世纪中叶，最初的喀斯特地貌研究始于此处，因而得名。喀斯特地貌的典型特征就是奇峰林立、洞穴遍布（图 6-10）。

图 6-10 喀斯特地貌

以地表为界，喀斯特地貌又可分为地上景观和地下景观两部分。地上通常有孤峰、峰丛、峰林、洼地、丘陵、落水洞和干谷等特征景观，而地下溶洞中最常见的则是石钟乳、石笋、石幔、地下暗河等景观。

我国也是喀斯特地貌分布较广的国家，主要分布于广东西部、广西、贵州、云南东部以及四川和西藏的部分地区，其中以云南石林和桂林山水最为典型。

（四）变质岩

变质岩地质景观在地壳形成和发展过程中，早先形成的岩石，包括沉积岩、岩浆岩，由于后来地质环境和物理化学条件的变化，在同态情况下发生了矿物组成调整、结构构造改变甚至化学成分的变化，而形成一种新的岩石，这种岩石被称为变质岩。其种类很多，由于原有岩石的岩性及所受的变质程度的差异，变质岩的岩性差别很大，组成的山地风景的风格特色也不同。

我国由变质岩构成的名山很多，大江南北分布广泛。比如气势磅礴、山体高大雄伟著称的泰山，其主体是由古老的花岗岩变质而成；比如梵净山，其相对高差达2000余米，出露于群峰之巅，巍峨壮观，在风化、侵蚀等外力作用下，造就了无数奇峰怪石，如“鹰嘴岩”（图6-11）“蘑菇岩”“冰盆”“万卷书”等。

图6-11　梵净山“鹰嘴岩”

其他著名的变质岩山岳景观还有江苏孔望山、花果山，浙江南明山等。

二、水域景观要素

自然界的水不仅孕育了人类和文明，还使地球表面千沟万壑，汇聚成江河，构成了一幅幅景象万千、秀丽多姿的自然景观。

按照水域形态的不同可以分为江河景观、湖泊景观、岛屿景观和海岸景观。

（一）江河景观

江河景观包括：瀑布景观、峡谷景观、河流三角洲景观。

1. 瀑布景观

瀑布为河床纵断面上断悬处倾泻下来的水流，瀑布融形、色、声之美为一体，具有独特的表现力。不同的地势和成因决定了瀑布的形态，使之有了壮美和优美之分。壮美的瀑布气势磅礴，似洪水决口、雷霆万钧，给人以恢宏壮丽的美感；优美的瀑布水流轻细、瀑姿优雅，给人以朦胧柔和的美感。丰富的自然瀑布景观是人们造园的蓝本，它以其飞舞的雄姿，给人带来“疑是银河落九天”的抒怀和享受。

瀑布展现给人的是一种动水景观之美，几乎所有山岳风景区都有不同的瀑布景观。瀑布的形态随地貌情况的不同而变化，如庐山三叠泉，瀑水成“之”字形分三级下坠；黄山脚下，瀑水分流，形成“人”字形瀑布；而九寨沟的高低不同的湖泊之间多悬瀑布，形成一级一级的长串梯瀑，充分表现出多变的瀑布景观之美（图6–12）。

此外，我国著名的瀑布有广西德天瀑布、黄河壶口瀑布、云南九龙瀑布、四川诺日朗瀑布、贵州黄果树瀑布。

2. 河流三角洲景观

河流三角洲是河流携带大量泥沙倾泻入海，往往形成近似三角形的平原，称为三角洲，这里河道开阔，水流缓慢，地势平坦，土地肥沃，鱼鸟繁盛，物产丰庶，往往是人类聚衍的最佳选择地。黄河三角洲景观是我国著名的河流三角洲景观，黄河经过长途跋涉，静静地流淌在三角洲大平原上，慢慢地注入海洋的怀抱，金黄色的水流伸展在海面上，形成蔚为壮观的黄河入海口景观。

图 6-12　九寨沟瀑布

3. 峡谷景观

峡谷景观是全面反映地球内外力抗衡作用的特征地貌景观。其成因有传统地质学上的地壳升降学说，和新兴的大陆板块碰撞学说所引起的造山运动，而冰雪流水等外力又不断将山脉刻蚀切割，形成了谷地狭深、两壁陡峭的地质景观。这是江河上最迷人的旅游胜境，江面狭窄，水流湍急，中流砥柱，两岸的造型地貌，把游人引入仙幻境界。著名的长江三峡就是高山峡谷景观的代表作(图 6-13)。[①]

图 6-13　长江三峡

① 三峡奇观的形成主要有两大原因：一是地壳抬升，造山运动使得巫山山脉和四川盆地不断抬高；二是滔滔不绝的长江水流的冲刷、雕刻、切割，形成了深达几百米的峡谷。另外，浙江新安江、富春江的风光，翠山层叠，碧水穿山，虽然没有长江三峡雄伟、湍急、奇险，但基本景观结构上是相似的，又因地处江南，植被茂盛，葱绿满山，带来更多的清秀之美，历来倍受文人雅客的青睐。

（二）湖泊景观

湖泊是大陆洼地中积蓄的水体，其形成必须有湖盆水的来源，按湖盆的成因分类主要有：

1. 构造湖景观

构造湖是陆地表面因地壳位移所产生的构造凹地汇集地表水和地下水而形成的湖泊。其特征是坡陡、水深、长度大于宽度，呈长条形。这类湖泊常与隆起的山地相伴而生，山湖相映成趣。著名的有：鄱阳湖（图 6–14）与庐山、滇池与西山、洱海与苍山等。

图 6–14　鄱阳湖

2. 泻湖景观

海洋与陆地的分界线称之为海岸线。海岸线受着海浪的冲击、侵蚀，其形态在不断地发生着变化。海岸线由平直变成弯曲，形成海湾，海湾口两旁往往由狭长的沙咀组成。狭长的沙咀愈来愈靠近，海湾渐渐地与海洋失去联系，而形成泻湖。此类湖原系海湾，后湾口处由于泥沙沉积而将海湾与海洋分隔开而成为湖泊，如著名的太湖、西湖（图 6–15）等。

约在数千年前，杭州的西湖还是与钱塘江相连的一片浅海海湾，以后由于海潮和河流挟带的泥沙不断在湾口附近沉积，使海湾与海洋完全分离，海水经逐渐淡水化才形成今日的西湖，并与周边的山地构成湖光山色的优美景色。

图 6-15　杭州西湖

3. 岩溶湖景观

岩溶湖景观为岩溶地区的溶蚀洼地形成的湖泊，如风光迷人的路南石林中的剑池（图 6-16）。

图 6-16　路南石林

4. 冰川湖景观

冰川湖是由冰川挖蚀成的洼坑和水碛物堵塞冰川槽谷积水而成的一类湖泊。冰川湖形态多样，岸线曲折，大都分布在古代冰川或现代冰川的活动地区。主要分为冰蚀湖和冰碛湖两类。冰蚀湖是由冰川侵蚀作用所形成的湖泊。冰川在运动中不断掘蚀地面，造成洼地，冰川消融后积水成湖。北美、北欧有许多著名的冰蚀湖群，北美“五大湖”（苏必利尔湖、休伦湖、伊利湖、安大略湖、密歇根湖）是世界上最大的冰蚀湖群（图 6-17）；北欧芬兰有大小湖泊 6 万多个，被誉为“千湖之国”，大部分都是冰川侵蚀而成。

图 6-17　休伦湖

我国西藏也有许多冰蚀湖。冰碛湖是由冰川堆积作用所形成的湖泊。冰川在运动中挟带大量岩块和碎屑物质，堆积在冰川谷谷底，形成高低起伏的丘陵和洼地。冰川融化后，洼地积水，形成湖泊。新疆阿尔泰山西北部的喀纳斯湖是较著名的冰碛湖。

5. 人工湖景观

景观气象万千的浙江千岛湖，是 1959 年我国建造的第一座自行设计、自制设备的大型水力发电站——新安江水力发电站拦坝蓄水而形成的人工湖，因湖内拥有 1078 座翠岛而得名。千岛湖是长江三角洲地区的后花园，它以多岛、秀水、"金腰带"为主要特色景观(图 6-18)。湖区岛屿星罗棋布，姿态各异，聚散有致。周围半岛纵横，峰峦耸峙，水面分割千姿百态，宛如迷宫，并以其山青、水秀、洞奇、石怪而被誉为"千岛碧水画中游"。

图 6-18　千岛湖

千岛湖以其独特的成因和优越的地理条件造就了群山叠翠、湖光潋滟、湖水澄碧的优美自然景观。

（三）海岸景观

我国有着长达18000千米的漫长大陆海岸线，由于海岸处于不同的位置、不同的气候带、不同的海岸类型，便形成了类型不同、功能各异的旅游胜地，其主要类型有：沙质海滩景观、珊瑚礁海岸景观、基岩海岸景观、海潮景观和红树林海岸景观。

1. 沙质海滩景观

沙质海滩景观中，滨海风光和海滩浴场是最具魅力的游览地。最佳的浴场要求滩缓、沙细、潮平、浪小和气候温暖、阳光和煦，如青岛海滨和浙江普陀千步沙。

2. 珊瑚礁海岸景观

珊瑚礁是在海岸边形成的庞大的珊瑚体，呈现众多的珊瑚礁和珊瑚岛，岛上热带森林郁郁葱葱，景色迷人。如海南岛珊瑚岸礁，其中南部鹿回头岸礁区是著名的旅游地。

3. 基岩海岸景观

由坚硬岩石组成的海岸称为基岩海岸。我国东部多山地丘陵，延伸入海，边缘处顺理成章地便成了基岩海岸。它是海岸的主要类型之一。基岩海岸常有突出的海岬，在海岬之间，形成深入陆地的海湾。岬湾相间，绵延不绝，海岸线十分曲折。基岩海岸在我国都广有分布。在杭州湾以南的华东、华南沿海都能见到它们的雄姿，而在杭州湾以北，则主要集中在山东半岛和辽东半岛沿岸。我国的基岩海岸长度约5000千米，约占大陆海岸线总长的30%。此外，在我国的第一、第二大岛的台湾岛和海南岛，其基岩海岸更为多见。①

① “惊涛拍岸，卷起千堆雪”，宋代诗人苏东坡咏赤壁的千古绝唱，今天看来显然用错了地方，如果用它来描写基岩海岸似乎更为恰当。它轮廓分明，线条强劲，气势磅礴，不仅具有阳刚之美，而且具有变幻无穷的神韵。

4. 海潮景观

海潮景观是指由于地球受到太阳、月球的引力作用而形成海洋潮汐。我国最著名的海潮景观为浙江钱塘江涌潮，钱塘江涌潮为世界一大自然奇观（图 6-19）。它是天体引力和地球自转的离心作用，加上杭州湾喇叭口的特殊地形所造成的特大涌潮，潮头可达数米，海潮来时，声如雷鸣，排山倒海，犹如万马奔腾，蔚为壮观。观潮始于汉魏（公元1—6世纪），盛于唐宋（公元7—13世纪），历经2000余年，已成为当地的习俗。尤其在中秋佳节前后，八方宾客蜂拥而至，争睹钱江潮的奇观，盛况空前。距杭州50千米的海宁盐官镇是观潮最佳处。

图 6-19 钱塘江涌潮

5. 红树林海岸景观

红树林海岸是生物海岸的一种。红树植物是一类生长于潮间带（高潮位和低潮位之间的地带）的乔灌木的通称，是热带特有的盐生木本植物群丛。红树林酷似一座海上天然植物园，主要分布在我国华南和东南的热带、亚热带沿岸。其中最为著名的是海南岛琼山东寨港的红树林。

（四）岛屿景观

散布在海洋、河流或湖泊中的四面环水、低潮时露出水面、自然形成的陆地叫岛屿。彼此相距较近的一组岛屿称为群岛。由于岛屿给人带来神秘感，在现代园林中的水体中也少不了聚土石为岛，既增加了水体的景观层次又增添了游人的探求情趣。从自然到人工岛屿，有著名的哈尔滨的太阳岛、青岛的琴岛、威海的刘公岛、厦门的鼓浪屿、太湖的东山岛。

三、生物景观

生物包括动物、植物和微生物三大类。作为景观要素的生物则主要指的是植物——森林、树木、花草，及栖息于其间的动物和微生物（大型真菌类）。其中动物和植物是广泛使用的园林景观要素。本书将注重论述的是动物和植物景观。

（一）动物景观

1. 动物景观的特征举要

动物是园林景观中活跃、有生气、能动的要素。有以动物为主体的动物园，或以动物为景观的景区。动物是活的有机体，它们既有适应自然环境、维持其遗传性的特点，又能适应新的生存条件。许多人工兴建的动物园，让动物在人工创造的环境或模拟那种动物生态条件的环境中生存和繁衍，以适应旅游观览活动的要求，是动物被人类饲养、驯化以组合造景的具体表现。

动物景观的特征主要体现在以下几个方面。

（1）奇特性特征。动物在形态、生态、习性、繁殖和迁徙活动等方面有奇异表现，游人通过观赏可获得美感。动物是活的有机体，能够跑动、迁移，还能作出种种有趣的“表演”，对游人的吸引力不同于植物。无脊椎动物中以姿色取胜的珊瑚、蝴蝶，脊椎动物中千姿百态的鱼、龟、蛇、鸟类、兽类等都极具观赏性。

鸟类、兽类是最重要的观赏动物，它们既可供观形、观色、观动作，还可闻其声，使人获得从视觉到听觉的多种美感体验。

（2）珍稀性特征。我国有许多动物是世界特有、稀有的，甚至是濒临灭绝的，如熊猫、金丝猴、东北虎、野马、野牛、麋鹿、白唇鹿、中华鲟、白鳍豚、扬子鳄、褐马鸡、朱鹮等。这些动物由于具有“珍稀”这一特性，往往成为人们注目的焦点。不少珍稀鸟兽，如金钱豹、斑羚、猪獾、褐马鸡、环颈雉等，是公园景观中的亮点，既可吸引游客，又是科普教育的好题材。

（3）娱乐性特征。动物不仅有自身的生态习性，而且在人工饲养、驯化条件下，某些动物会模拟人类的各种动作或在人的指挥下做出某些可爱、可笑的“表演”动作等。在我国古代以及现在的一些少数民族地区，都特别注重观赏动物表演，作为娱乐活动，如斗鸡、耍猴、驯熊、玩蛇、养鸟、放鹰、赛马等。

2. 动物景观的类别划分

动物地理学把全球陆地划分为六个动物区系（界）。我国东南部属东洋界，其他地区属古北界，由于地跨两大区系，因此，动物种类繁多。我国土地面积仅占全球陆地总面积的6.5%，但所产兽类种类有420种，约占全世界总数的11.2%；鸟类1166种，约占15.3%；两栖、爬行类有510种，约占8%，野生动物资源十分丰富。其中不乏众多有观赏价值的珍禽异兽，品类之多，观赏价值之高，举世罕有。仅以保护动物为例，我国的东北地区有东北虎、丹顶鹤；西北和青藏高原有黄羊、鹅喉羚羊、藏原羚、野马、野骆驼；南方热带、亚热带地区有长臂猿、亚洲象、孔雀；长江中下游地带有白鳍豚、扬子鳄，等等。我国候鸟资源亦十分丰富，雁类多达46种，其中最著名的是天鹅。青海湖鸟岛、贵州威宁草海等是著名的鸟类王国，也构成了著名的自然生态奇观。

（二）植物景观

植物景观是指由各种不同树木花草，按照适当的组合形式种植在一起，经过精心养护后形成的具有季相变化的自然综合体。植物是园林景观元素中的一项重要组成部分，而且作为其中具有生命力特征的元素，能使园林空间体现出生命的活力。

1. 植物景观的类别划分

园林植物的分类园林植物就其本身而言是指有形态、色彩、生长规律的生命活体，而对景观设计者来说，又是一个象征符号，可根据符号元素的长短、粗细、色彩、质地等进行应用上的分类。在实际应用中，综合植物的生长类型、分类法则和应用法则，把园林植物作为景观材料分成乔木、灌木、草本花卉、藤本植物、草坪以及地被6种类型。每种类型的植物构成了不同的空间、结构形式，这种空间形式或是单体的，或是群体的。

2. 植物在园林景观中的作用及功效

（1）植物景观对于环境的作用及功效。植物景观对于环境的功效，包括净化空气、涵养水源、调节气象、防止水土流失、防风、防噪声、防止空气污染、遮光、调节气温、调节日照等。

（2）植物景观对于感知的作用及功效。人们对景观的心理感知是一种理性思维的过程。通过这一过程才能作出由视觉观察得到的对景观的评价，因而心理感知是人性化景观感知过程中的重要一环。对植物景观的心理感知过程正是人与自然统一的过程。

（3）植物景观对于社会的作用及功效。植物景观对于社会的作用及功效体现在，植物景观应该、也必须要满足社会与人的需要。景观设计虽然有着各种各样的目的，但最终景观设计还是关系到人，“以人为本”，为了人类的使用而创造实用、舒适、精良的绿化环境。植物景观的积极意义不在于它创造了怎样的形式和风景，而在于它对社会发展的积极作用。植物景观的建造，可以刺激和完善社会方方面面的发展与进步。

（4）植物景观对于文化的作用及功效。植物景观对于文化的作用及功效，体现在用木本、草本植物来创造景观，并发挥植物的形体、线条、色彩等自然美，配置成一幅美丽动人的画面，供人们观赏。一个城市的植物景观是保持和塑造该城市风情、文脉和特色的重要方面。植物景观的建设首先是在理清区域的主流历史文脉的基础上，重视景观资源的继承、保护和利用，以满足自然生态条件的地带性植被背景，将民俗风情、传统文化、宗教、历史文物等融合在植物景观中，使植物景观具有明显的地域性和文化性特征，产生可识别性和特色性，如杭州白堤的“一株桃花，一株柳”、黄山的迎客松和送客松、荷兰的郁金香文化、日本的樱花文化等。

3. 植物在园林景观中的应用

（1）乔木在景观中的应用。乔木具明显主干，因高度之差常被细分为小乔木（高度 5 ～ 10 米）、中乔木（高度 10 ～ 20 米）和大乔木（高度 20 米以上）3 类。然其景观功能都是作为植物空间的划分、围合、屏障、装饰、引导以及美化作用。

不同乔木种类在景观设计中的具体应用，可见表 6–1。

表 6–1 不同乔木种类在景观设计中的具体应用

不同乔木	不同乔木种类在景观设计中的应用
小乔	小乔高度适中，最接近人体的仰视适角，故成为城市生活空间中的主要构成树种
中乔	中乔具有包容中小型建筑或建筑群的围合功能，并“同化”城市空间中的硬质景观结构，把城市空间环境有机统一地协调为一个整体
大乔	大乔的城市景观应用多在特殊环境之下，如点缀、衬托高大建筑物或创造明暗空间变化，引导游人视线等等

另外，乔木中也不乏美丽多花者，如木棉、凤凰木、林兰等，其成林景观或单体点景实为其他种类所无法比及的。

（2）灌木在景观设计中的应用。高大灌木因其高度超越人的视线，所以在景观设计上，主要用于景观分隔与空间围合，对于小规模的景观环境来说，则用在屏蔽视线与限定不同功能空间的范围。

大型灌木与小型灌木在景观中的设计有所不同，具体的比较可见表 6–2。

表 6-2 大型灌木与小型灌木在景观中的设计

大型灌木	小型灌木
大型的灌木与乔木结合常常是限定空间范围、组织较私密性活动的应用组合，并能对不良外界环境加以屏蔽与隔离。灌木多以花和叶为主要设计参考要素。花色艳丽最引人入胜，或国色天香，或异彩纷呈。观叶者观赏期长，也被广泛引种和采用，如常绿灌小、彩叶树种等。	小型灌木的空间尺度最具亲人性，而且其高度在视线以下，在空间设计上具有形成矮墙、篱笆以及护栏的功能，所以对使用在空间中的行为活动与景观欣赏有着至关重要的影响。而且由于视线的连续性，加上光影变化不大，所以从功能上易形成半开放式空间。通常这类材料被大量应用。

（3）藤本植物在景观设计中的应用。藤本植物多以墙体、护栏或其他支撑物为依托，形成竖直悬挂或倾斜的竖向平面构图，使其能够较自然地形成封闭与围合效果，并起到柔化附着体的作用，并通过藤茎的自身形态及其线条形式延伸形成特殊的造型而实现其景观价值。

（4）花卉植物在景观设计中的应用。草本花卉的主要观赏及应用价值在于其色彩的多样性，而且其与地被植物结合，不仅增强地表的覆盖效果，更能形成独特的平面构图。大部分草本花卉的视觉效果通过图案的轮廓及阳光下的阴影效果对比来表现，故此类植物在应用上注意体量上的优势。为突出草本花卉量与图案光影的变化，一方面要利用艺术的手法加以调配，另一方面要重视辅助的设施手段。在城市景观中经常采用的方法是花坛、花台、花境、花带、悬盆垂吊等，以突出其应用价值和特色。

（5）草坪及地被植物在景观设计中的应用。草坪与地被的分类含义不同，草坪原为地被的一个种类，因为现代草坪的发展已不容忽视地使其成为一门专业，这里的草坪特指以其叶色或叶质为统一的现代草坪。而地被则指专用于补充或点衬于林下、林缘或其他装饰性的低矮草本植物、灌木等，其显著的特点是适应性强。草坪和地被植物具有相同的空间功能特征，即对人们的视线及运动方向不会产生任何屏蔽与阻碍作用，可构成空间自然的连续与过渡。

四、天文、气象景观

借景是中国园林艺术的传统手法。借景手法中就有借天文、气象景物一说。天文、气象包括日出、日落、朝晖、晚霞、圆月、弯月、蓝天、星斗、云雾、彩虹、雨景、雪景、春风、朝露等。

(一)日出、晚霞、月影景观

观日出,不仅开阔视野,涤荡了胸襟,振奋了激情,而且更是深深地密切了人和大自然的关系。高山日出,那一轮红日从云雾岚霭中喷薄而出,峰云相间,霞光万丈,气象万千;海边日出,当一轮红日从海平线上冉冉升起,水天一色,金光万道,光彩夺目。多少流芳百世的诗人,在观赏日出之后,咏唱了他们的直感和真情。①

同观日出一样,看晚霞也要选择地势高旷、视野开阔且正好朝西的位置。这样登高远眺,晚霞美景方能尽眼底。日落西山前后正是观晚霞最为理想的时刻。

“白日依山尽”“长河落日圆”之后便转换到了以月为主题的画面。西湖十景中的“平湖秋月”“三潭印月”;燕京八景中的“卢沟晓月”;避暑山庄的“梨花伴月”;无锡的“二泉映月”;西安临潼的“骊山晚照”;桂林象鼻山的“水月倒影”等,月与水的组合,其深远的审美意境,也引起人的无限遐思。

(二)云海景观

云海是指在一定的条件下形成的云层,并且云顶高度低于山顶高度,当人们在高山之巅俯视云层时,看到的是漫无边际的云,如临大海之滨,波起峰涌,浪花飞溅,惊涛拍岸。其日出和日落时

① 北宋诗人苏东坡咏道:“秋风与作云烟意,晓日能令草木姿”。南宋诗人范成大在诗中这样写道:“云物为人布世界,日轮同我行虚空”。现代诗人赵朴初诗:“天著霞衣迎日出,峰腾云海作舟浮”。

所形成的云海五彩斑澜，称为“彩色云海”，最为壮观。在我国著名的高山风景区中，云海似乎都是一大景观。峨眉山峰高云低，云海中浮露出许多山峰，云腾雾绕，宛若佛国仙乡；黄山自古就有黄海之称，其“八百里内形成一片峰之海，更有云海缭绕之”的云海景观是黄山第一奇观。庐山流云如瀑，称为“云瀑”。神女峰的“神女”，在三峡雾的飘流中时隐时现，更富神采。苍山玉带云，在苍山十九峰半山腰，一条长达百余公里的云带，环绕苍翠欲滴的青山，美不胜收。

（三）雨景、雪景、霜景景观

雨景也是人们喜爱观赏的自然景色。下雨时的景色和雨后的景色都值得一观。川东的“巴山夜雨”、蓬莱的“漏天银雨”、济南的“鹊华烟雨”、贵州毕节的“南山雨霁”、广州的“双桥烟雨”、河南鸡公山的“云头观雨”、峨眉的“洪椿晓雨”等都是有名的雨景。

冰、雪奇景发生于寒冷季节或高寒气候区。这些景观造型生动、婀娜多姿。特别是当冰雪与绿树交相辉映时，景致更为诱人。黄山雪景，燕山八景之一的“西山晴雪”、九华山的“平冈积雪”、台湾的“玉山积雪”、千山龙宗寺的“象山积雪”、西湖的“断桥残雪”等都是著名景观。

花草树木结上霜花，一种清丽高洁的形象会油然而生。经霜后的枫林，一片深红，令人陶醉。“江城树挂”乃北方名城吉林的胜景之一，松针上的霜花犹如盛放的白菊，顿成奇观。

五、文物景观

文物艺术景观指石窟、壁画、碑刻、摩崖石刻、石雕、雕塑、假山与峰石、名人字画、文物、特殊工艺品等文化、艺术制作品和古人类文化遗址、化石。古代石窟、壁画和碑刻是绘画与书法的载体，现代有些成为名胜区，有些原就是园林景观中的装饰。石雕、雕塑、假山和峰石则是园林景观中的景观。名人字画，景园题名，题咏和陈列品，文物、特殊工艺品，也常作园林景观中陈列的珍品。

（一）文物景观类别简述

1. *石窟景观*

我国现存有历史久远、形式多样、数量众多、内容丰富的石窟，是世界罕见的综合艺术宝库。其上凿刻、雕塑着古代建筑、佛像、佛经故事等形象，艺术水平很高，历史与文化价值无量。

2. *碑刻、摩崖石刻景观*

碑刻是文字的的石碑，各体书法艺术的载体。摩崖石刻，是刻文字的山崖，除题名外，多为名山铭文、佛经经文。

3. *壁画景观*

壁画是绘于建筑墙壁或影壁上的图画。我国很早就出现了壁画，古代流传下来的如山西繁峙县岩山寺壁画，金代 1158 年开始绘于寺壁之上，为大量的建筑图像，是现存的金代的规模最大、艺术水平最高的壁画。影壁壁画著名的如北京北海九龙壁（清乾隆印间建），上有九龙浮雕图像，体态矫健，形象生动，是清代艺术的杰作。

4. *雕塑艺术品*

雕塑艺术品是指多用石质、木质、金属雕刻各种艺术形象及泥塑各种艺术形象的作品。古代以佛像、神像及珍奇动物形象为数最多，其次为历史名人像。我国各地古代寺庙、道观及石窟中都有丰富多彩、造型各异、栩栩如生的佛像、神像。

珍奇动物形象雕塑，自汉代起至清代就作为园林景观点缀或自成景观。宫苑中多为龙、鱼雕像，且与水景制作相结合，有九龙形象，如九龙口吐水或喷水；也有在池岸上石雕龙头像，龙口吐水入池的。

5. 其他文物景观

其他文物景观主要包括诗词、楹联、字画以及出土文物和工艺美术品。

中国风景园林的最大特征之一就是深受古代哲学、宗教、文学、绘画艺术的影响，自古以来就吸引了不少文人画家、景观建筑师以至皇帝亲自制作和参与，使我国的风景园林带有浓厚的诗情画意。诗词楹联和名人字画是景观意境点题的手段，既是情景交融的产物，又构成了中国园林景观的思维空间，是我国风景园林文化色彩浓重的集中表现。

出土文物和工艺美术品主要指具有一定考古价值的各种出土文物。

（二）著名文物景观类别举例

著名文物景观类别举例，见表 6-3。

表 6-3　著名文物景观类别举例

文物景观类别	著名文物景观类别举例
石窟	闻名世界的石窟有甘肃敦煌石窟（又称莫高窟），从前秦（336）至元代，工程延续约千年；山西大同武周山云冈石窟，北魏时开凿，保存至今的有53处，造像5100余尊，以佛像、佛经故事等为主，也有建筑形象；河南洛阳龙门石窟，是北魏后期至唐代所建大型石窟群，有大小窟龛2300多处，造像约10万尊，是古代建筑、雕塑、书法等艺术资料的宝库；甘肃天水麦积山石窟，是现存惟一自然山水与人文景观结合的石窟。其他还有辽宁义县万佛堂石窟、山东济南千佛山、云南剑川石钟山石窟、宁复须弥山石窟，南京栖霞山石窟等多处
碑刻、摩崖石刻	著名的摩崖石刻是山东泰山摩崖石刻，被誉为我国石刻博物馆。山下经石峪有“大字鼻祖”（金刚经）岩刻，篇幅巨大，气势磅礴；山上碧霞元君祠东北石崖上镌有唐玄宗手书（纪泰山铭）全文，高 13m 多，宽 5m 余，蔚为壮观。山东益都云门山崖高数丈的“寿”字石刻，堪称一字摩崖石刻之最

续表

文物景观类别	著名文物景观类别举例
壁画	著名的壁画有云南昭通县东晋墓壁画和泰山岱庙正殿天贶殿宋代大型壁画。云南昭通县东晋墓壁画在墓室石壁之上绘有青龙、白虎、朱雀、玄武与楼阙等形象及表现墓主生前生活的场景，是研究东晋文化艺术与建筑的珍贵艺术资料；泰山岱庙正殿天贶殿宋代大型壁画(泰山神启跸回銮图)，全长62m，造像完美、生动，是宋代绘画艺术的精品
雕塑艺术品	举世闻名的雕塑艺术品，如四川乐山巨形石雕乐山大佛，唐玄宗时创建，约用90年竣工，通高71m、头高14.7m、头宽10m、肩宽28m、眼长3.3m、耳长7m；北京雍和宫木雕弥勒佛立像，全身高25m，离地面高18m。 珍奇动物形象雕塑，如保存至今的西安临潼华清池诸多龙头像
其他	其他文物景观如著名的有秦兵马俑(陕西秦始皇陵)、古齐国殉马坑(山东临淄)、北京明十三陵等地下古墓室及陪葬墓等

六、名胜古迹景观

名胜古迹是指历史上流传下来的具有很高艺术价值、纪念意义、观赏效果的各类建设遗迹、建筑物、古典名园、风景区等。一般分为古建筑、古代建设遗迹、古工程及古战场、古典名园、风景区等。

(一) 古建筑景观

世界多数国家都保留着历史上流传下来的古建筑，我国古建筑的历史最悠久、形式多样、形象多类、结构严谨、空间巧妙，都是举世无双的，而且近几十年来修建、复建、新建的古建筑面貌一新，不断涌现，蔚为壮观，成为园林景观中的重要景观。一般有宫殿、府衙、名人居宅、寺庙、塔、教堂、亭台、楼阁、古民居、古墓、神道建筑等。[①]

① 其中寺庙、塔、教堂合称宗教与祭祀建筑；亭台、楼阁有独立存在的，也有在宫殿、府衙及园中的。跨类而具有综合性的有："东方三大殿"，即北京故宫、山东岱庙天贶殿、山东曲阜孔庙大成殿；江南三大楼，即湖南岳阳楼、湖北黄鹤楼、江西南昌滕王阁。

1. 古代宫殿建筑景观

世界上多数国家都保留着古代帝皇宫殿建筑，而以中国所保留的最多、最完整，大都是规模宏大的建筑群。如，北京明、清故宫，原称紫禁城宫殿，现在为故宫博物院，是中国现存规模最大、保存最完整的古建筑群。沈阳清故宫，是清初努尔哈赤、皇太极两代的宫殿，清定都北京后为留都宫殿，后又称奉天宫殿，建筑布局和细部装饰具有民族特色和地方特色，建筑艺术上体现了汉、满、藏艺术风格的交流与融合。

图 6-20 故宫

2. 亭台楼阁建筑景观

亭台最初与园林景观并无联系，后为园林景观建筑景观，或作景园主体成亭园、台园。台，初为观天时、天象、气象之用，比亭出现早。如，殷鹿台、周灵台及各诸侯的时台，后来遂作园中高处建筑，其上亦多建有楼、阁、亭、章等。现今保存的台，如北京居庸关云台。现今保存的亭著名的有浙江绍兴兰亭、苏州沧浪亭、安徽滁州醉翁亭（图 6-21）、北京陶然亭等。

楼阁，是宫苑、离宫别馆及其他园林中的主要建筑，还有城墙上的主要建筑。现今保存的楼阁，多在古典园林景观之中，也辟为公园、风景、名胜区。如，江南三大名楼，安徽当涂的太白楼，湖北当阳的仲宣楼，以及江苏扬州的平山堂，云南昆明大观楼，广州越秀山公园内望海楼等。

图 6-21 醉翁亭

3. 宗教与祭祀建筑景观

(1)宗教建筑。宗教建筑,因宗教不同而有不同名称与风格。我国道教最早,其建筑称宫、观;东汉明帝时(1世纪中期)佛教传入中国,其建筑称寺、庙、庵及塔、坛等;明代基督教传入中国,其建筑为教堂、礼拜堂;还有伊斯兰教的清真寺、喇嘛教、庙等。①

我国不同宗教建筑景观举例,见表 6-4。

表 6-4 我国不同宗教建筑景观举例

不同宗教类别	不同宗教类别建筑景观举例
佛教	现存最多有佛教四大名山寺:山西五台山大显通寺、佛光寺,四川峨眉山报国寺、伏虎寺,浙江普陀山三大禅林(普济寺、法雨寺、慧济寺),安徽九华山四大丛林(祇园禅寺、东岩精舍、万年寺、甘露寺)。唐代四大殿:山西天台庵正殿、五台县佛光寺大殿、南禅寺大殿、芮城县五龙庙正殿,全为木构建筑。还有河南少林寺,洛阳白马寺,杭州灵隐寺,南京栖霞寺,山东济南灵岩寺,四川乐山凌云寺,北京潭柘寺、大觉寺,也很著名。山西浑源县恒山悬空寺,建在进山入口的石门峪悬崖峭壁之上,悬挑大梁支撑着大小40余座殿宇,可谓世界建筑史上的绝妙奇观。

① 与宗教密切相关的各种形式、各种规模的寺塔、塔林,我国现存的也很多,著名的有西安慈恩寺塔(俗称大雁塔),河北定县开元寺塔,杭州六和塔,苏州虎丘塔、北寺塔,镇汀金山寺塔,常熟方塔,上海龙华塔,松江兴圣教寺塔。最高为四川灌县奎光塔,共17层,小型的如南京栖霞寺舍利塔。还有作景观的塔,如北京北海公园内白塔、扬州瘦西湖的白塔、延安宝塔。塔林,如河南少林寺的塔林等。

续表

不同宗教类别	不同宗教类别建筑景观举例
佛教	西藏喇嘛教有拉萨大昭寺，唐初藏王松赞干布创建为宫廷教堂，17世纪大规模扩建，为喇嘛庙，大殿中心部分还有唐代建筑痕迹，其建筑、绘制风格融汉、印度、尼泊尔艺术为一体
道教	如四川成都青羊宫、青城山三清殿，山西永济县(今迁芮城县)永乐宫，河南登封中岳庙，山东崂山道观，江苏苏州玄妙观(三清殿)等
伊斯兰教	如陕西西安清真寺及其他各地的清真寺等。

(2)祭祀建筑。祭祀建筑在我围很早就出现了，称庙、祠堂、坛。纪念死者的祭祀建筑，皇族称太庙，名人称庙，多冠以姓或尊号，也有称祠或堂。

祭祀建筑，以山东曲阜孔庙历史最悠久、规模最大，从春秋末至清代，历代都有修建、增建，其规模仅次于北京的故宫，是大型古祠庙建筑群，其他各地也多有孔庙或文庙。其次为皇帝新建太庙，建于都城(紫禁城)内，今仅存北京太庙(现为北京劳动人民文化宫)。为名人纪念性的祠庙，如有名的杭州岳王庙、四川成都丞相祠、杜甫纪念堂等。

(3)祭坛建筑。纪念活着的名人，称生祠、生祠堂。另有求祈神灵的建筑，称祭坛，也属祭祀建筑。我国自古保存至今的宗教、祭祀建筑，多数原本就与景园一体，少数开辟为园林景观，都称寺庙园林景观；也有开辟为名胜区的，称宗教圣地。

祭坛建筑，如北京社(土神)稷(谷神)坛(今在中山公园内)、天坛(祭天、祈丰年)。天坛是现今保存最完整、最有高度艺术水平的优秀古建筑群之一，主体为祈年殿，建在砖台之上，结构雄伟，构架精巧，有强烈向上的动感，表现出人与天相接的意向。

4. 名人居所建筑

古代及近代历史上保存下来的名人居所建筑，具有纪念性意义及研究价值，今辟为纪念馆、堂，或辟为园林景观。古代的名人居所建筑，如成都杜甫草堂，浙江绍兴明代画家徐渭的青藤书屋，江苏江阴明代旅游学、地理学家徐霞客的旧居，北京西山清代文学家曹雪芹的旧居等。

近代的名人居所建筑，如孙中山的故居、客居，有广东中山县的中山故居、广州中山堂、南京总统府中山纪念馆等。至于现代，名人、革命领袖的故居更多，如湖南韶山毛泽东故居，江苏淮安周恩来故居等，也多为纪念性风景区或名胜区。

5. 古代民居建筑

我国是个多民族国家，自古以来民居建筑丰富多彩，经济实用，小巧美观，各有特色，也是中华民族建筑艺术与文化的一个重要方面。古代园林景观中也引进民居建筑作为景观，如乡村（山村）景区，具有淳朴的田园、山乡风光，也有仿城市民居（街景）作为景区的，如北京颐和园（原名清漪园）仿建苏州街。

现今保存的古代民居建筑形式多样，如北方四合院，延安窑洞，秦岭山地民居，江南园林式宅院，华南骑楼，云南村寨、竹楼，新疆吐鲁番土拱，内蒙古的蒙古包（图 6-22），四川、广东客家土楼（圆形）等。安徽徽州及陕西韩城党家村明代住宅，是我国现存古代民居中的珍品，基本为方形或矩形的封闭式三合院。

6. 古墓、神道建筑

古墓、神道建筑指陵、墓（冢、茔）与神道石人、兽像、墓碑、华表、阙等。陵，为帝王之墓葬区；墓，为名人墓葬地；神道，意为神行之道，即墓道。墓碑，初为木柱引棺入墓穴，随埋土中，后为石碑，竖于墓道口，称神道碑，碑上多书刻文字，记死者事迹功勋，称墓碑记、墓碑铭，或标明死者身份、姓名，立碑人身份、姓名等。华表，立于宫殿、城垣、陵墓前的石柱，柱身常刻有花纹。阙，立于宫庙、陵墓门前的石柱，陵墓前的称墓阙。神道、墓碑、华表、阙等都为陵、墓的附属建筑。现今保存的古陵、墓，都有具备这些附属建筑的，也有或缺的，或仅存其一的。

图 6-22　蒙古包建筑

古代著名的皇陵、神道建筑举例,可见表 6-5。

表 6-5　古代著名的皇陵、神道建筑举例

古代皇陵建筑举例	陕西桥山黄帝陵、临潼秦始皇陵与兵马俑墓、兴平县汉武帝的茂陵、乾县唐高宗与武则天合葬的乾陵;南京祖堂山的南唐二陵;河南巩县嵩山北的术陵(为北宋太祖之父与太祖之后七代皇帝的陵墓,是我国古代最早集中布置的帝陵);南京明太祖的明孝陵;北京明代十三陵(是我国古代整体性最强、最善利用地形、规模最大的陵墓建筑群);沈阳清初的昭陵(俗称北陵,为清太宗皇太极之墓,其神道成梯形排列,利用透视错觉增加神道的 K 度感,很富有特色);河北遵化县清东陵(为顺治、康熙、乾隆、咸丰、同治五帝及后妃之陵);河北易县清四陵(为雍正、嘉庆、道光、光绪四帝之陵)
神道建筑举例	山东曲阜孔林、安徽当涂李白墓、杭州岳飞墓等

古代陵、墓是我们历史文化的宝库,已挖掘出的陪葬物、陵殿、墓道等,是研究与了解古代艺术、文化、建筑、风俗等的重要实物史料。现今保存的古代陵墓,有些原来就为陵园、墓园,有些现代辟为公园、风景区,与园林景观具有密切关系。

(二)古代建筑遗迹

古代遗存下来的城市、乡村、街道、桥梁等,有地上的,有发掘出来的。我国古代建设的遗迹或遗址最为丰富多样,且大都开辟为旅游胜景,成为旅游城市、城市景园的主要景观、风景名胜区、著名陈列馆(院)等。

古代城市，如六朝古都南京、汉唐古都长安（西安）、明清古都北京，以及山东曲阜、河北山海关、云南丽江古城（图 6-23）等，都是世界闻名的古城。古乡村（村落），如西安的半坡村遗址；古街，如安徽屯溪的宋街；古道，如西北的丝绸之路；古桥梁，如赵州桥、卢沟桥等。

图 6-23 丽江古城

（三）古工程、古战场

古工程设施、古战场有些与园林景观并无关系，像有些工程设施直接用于园林景观工程，有些古代工程、古战场今大已辟为名胜、风景区，供旅游观光，同样具有园林景观的功能。闻名的古工程有长城、都江堰、京杭大运河；古战场有湖北赤壁、（三国赤壁之战的战场）、缙云山合川钓鱼城、（南宋抗元古战场）等。

第四节 现代人工景观的开发

一、温泉旅游产品开发

（一）温泉旅游资源的特色

温泉以其温度、所含物质及涌出量可为人类利用而成为资源,它和矿泉都是泉水旅游资源。不同国家和地区对温泉概念的界定不尽相同。例如温泉大国日本,对温泉的定义是从温度及成分两个角度考虑的;第一,高于25℃的天然地下涌水;第二,低于25℃但含有一定量某些成分的泉水都可以称为温泉。英国、法国、德国、意大利等欧洲国家定义的标准是20℃以上,美国则把21.1℃以上的地下矿泉定义为温泉。基于温泉沐浴是温泉旅游中的核心产品,因而我国在2006年颁布的《温泉旅游服务规范》中,对沐浴温泉有专门的定义,即水温高于或等于40℃,含有对人体有益微量元素的地下温热水或出露泉。

温泉是一种旅游资源,具有多种旅游功能和重要的旅游价值。概括为三个方面。第一,疗养价值。温泉含有一定量的化学成分、有机体或气体,能影响人的生理作用。温泉的浮力、压力作用,水温作用,化学作用,尤其是化学作用(氡泉、硫化氢泉、硅酸泉、碳酸氢钠泉等)具有治病疗养的独特价值。著名的理疗泉有:广东从化温泉、云南昆明安宁温泉、陕西临潼华清池、重庆的南温泉和北温泉、广西陆川温泉、鞍山汤岗子温泉、南京汤山和北京小汤山温泉、骊山温泉等。第二,观光价值。温泉能美化环境,造景育景,增加观赏点。清纯美、声色美、味觉美、触感美、动态美、人文美是温泉审美的基本特征。温泉的奇异特征使其具有重要的旅游价值,可以用来开展观光旅游活动。美国黄石公园内有温泉1万多个、喷泉3000多个,温泉和间歇泉是构成该公园最负盛名的风景特色。第三,科学研究价值。众多温泉的出露是该区特殊的地质、地热背景与局部控泉断裂相结合的产物。围绕温泉的原因,地热来源的科学研究涉及地热学、构造地质学和水文地球化学等多种门类的知识,可以用来开展地质考察和修学旅行。

(二)旅游产品类型

1. 观光旅游

以温泉景观为特色的,可开发观光旅游。如台湾关子岭的水火温泉、云南大理蝴蝶泉、四川广元羞泉、杭州珍珠泉等。可建设观景亭、观光游步道，设立标志牌，引起游客的注意和关注。

2. 休闲度假旅游

围绕温泉，开发建设温泉度假村。包括高星级酒店、度假别墅、休闲会馆等，进一步配套高尔夫球场、网球场、SPA 会馆、会议中心等现代休闲活动场地和设施。有些地方的温泉资源丰富，规模大，围绕温泉旅游，提出建设温泉旅游小镇的概念。把温泉旅游与当地村镇发展结合，将温泉与小镇风情、休闲度假、生态景观融为一体，小镇既具有日常生活场景的一面，也具有适合放松休闲的一面。旅游要素多样，有酒店、度假别墅、商业街、文化场馆、特色村镇等。卡罗维发利（Karlovy）和玛利安温泉市（Marianske Lazne）是捷克两个著名的温泉小镇，世界各地富商巨贾趋之若鹜。捷克这两个温泉小镇位于该国波希米亚地区，其中卡罗维发利建于 1358 年，是捷克规模最大、历史最悠久的温泉区。镇内共有 12 股温泉，全以数字命名。自 19 世纪发展温泉疗养度假以来，已有许多名人到访，如贝多芬、巴赫、歌德、席勒等，马克思还三度到访。镇内不少酒店都有提供整套温泉水疗程，天数长短不一，很受游客欢迎。

3. 复合式体验旅游

结合主题进行温泉旅游产品的综合性开发，围绕主题设计新颖的活动项目。温泉旅游经主题创新后具有丰富的内涵，集健康、养生、休闲、度假、美容美体、旅游等功能于一体，可将温泉与当地特色旅游组合推出，形成“1+1 模式”。例如：温泉 + 生态旅游项目、温泉 + 农家乐项目、温泉 + 观光项目、温泉 + 民俗体验项目、温泉 + 冬季滑雪项目、温泉 + 养生项目、温泉 + 运动休闲项目、温泉 + 健身美容项目……在具体的项目设计中，提倡形式的多样化和产品的专门化。例如：温泉 + 休闲游可设计产品——怡懈身心五部曲，主要包括水疗按摩、草药蒸气、香身按摩、脚部护理、美容美体五步，使游客能在最短的时间内获得“重生”，在休闲的过程中达到健美强身的效果。再如：温泉民俗游产品，可在洗浴前后增加民情观赏、街景漫游、饮食纪念品消费等项目，强化温泉民俗游的总体氛围。为满足游客在游玩的同时对消除疲劳、健身祛病的健康需求，还可聘请医疗保健专家，精心研究、设计并推出各具特色、功能各异的温泉池：配合现代乡村独特风格的木温泉；加入适量名贵酒液的酒温泉；注入各种名贵中草药和花粉的药浴温泉；以及能治疗风湿症、腰腿痛、胃痛的高温石板泉和具有泉水按摩功能的音波喷射泉等。总之，通过活动项目的精心设计，增加游客的体验和经历。

4. 温泉旅游节庆活动

温泉旅游经营可以把温泉与节庆结合起来，如将电影节与温泉活动的结合，目前成功结合的有捷克卡罗维发利电影节、日本古汤电影节和台北电影节等。此外，还可开展温泉节日，如日本的别府每年 4 月都举办温泉感谢节，其他地区也举办形式各异的温泉节。我国各地区也可开展形式多样的温泉节日，如广东从化举办的温泉节、河北举办的平山温泉节等；再如像华清池这类历史悠久的温泉，可以从文化的角度举行温泉旅游节庆活动，可以举办唐温泉文化节，在节日中可以把泡温泉与欣赏唐歌舞、品味唐文化结合起来。也可以举办与温泉有关的书画、诗词展览等。

5. 商务会议旅游

温泉地的良好生态环境、保健疗养服务和先进的现代化设施为发展商务会议旅游提供了条件。

6. 温泉旅游地产

温泉旅游地产是面向外来者和当地人的一类住宅地产，也是一种非常独特的休闲度假旅游产品形式。温泉旅游地产开发既具有“家”的特征，如独门独户、两室一厅、三室一厅的户型，同时，也具有高档酒店的功能，各种服务设施齐全。当业主选择度假居住时，温泉地产是酒店内的第二居所；也可以作为地产投资，向游客出租,赚取租金。一些酒店将卖出的地产从业主手中租回,由酒店代为管理经营,收益由酒店和业主共享。

二、民俗与节庆活动景观就发

民俗风情是人类社会发展过程中所创造的一种精神和物质现象,是人类文化的一个重要组成部分。社会风情主要包括民居村寨、民族歌舞、地方节庆、宗教活动、封禅礼仪、生活习俗、民间技艺、特色服饰、神话传说、庙会、集市、逸闻等。我国民族众多,不同地区、不同民族有着众多的生活习俗和传统节日。如,农历三月三是广西壮族、白族、纳西族以及云南、贵州等地人们举行歌咏的日子;农历九月九日是我国传统的重阳节,登高插茱萸,赏菊饮酒。此外还有六月六、元旦、春节、中秋节、复活节、泼水节(傣族)等。民俗与节庆活动景观见表 6–6。

表 6–6　民俗与节庆活动景观

民俗与节庆活动类别	民俗与节庆活动举例
生活习俗地方节庆	春节饺、闹元宵、龙灯会、清明节、放风筝、端午粽、中秋月饼、腊八粥等,还有各民族不同婚娶礼仪等
民间技艺	壮锦、苗锦、蜀锦、傣锦、苏绣、高绣、鲁绣等
民族歌舞	汉族的腰鼓舞、秧歌舞、绸舞,朝鲜族的长鼓舞,维吾尔族舞,壮族扁担舞,黎族锣鼓舞,傣族孔雀舞等
神话传说	山东蓬莱阁的八仙过海传说;山东新汶峙山的龙女牧羊传说;花果山(连云港)的孙悟空传说等
服饰方面	黎族短裙,傣族长裙,如朗族黑裙,藏族围裙等

三、地方工艺、工业观光与地方风味风情景观开发

我国的风景园林历来和社会经济生产及人民生活活动紧密相关,因此,众多的生产性观光项目以及各地的土特名优产品及风味食品也成为园林景观中不可缺少的人文景观要素。生产观光项目有果木园艺、名贵动物、水产养殖及捕捞等;名优工艺有

工业产品生产、民间传统技艺、现代化建筑工程等；风味特产更是一个名目繁多的大家族，如著名的中国酒文化，苏、粤、鲁、川四大名菜系，北京满汉全席；丝绸、貂皮等土特产；陶瓷、刺绣、漆器、雕刻类工艺美术品；人参、鹿茸、麝香等名贵药品；还有地方风味食品，如北京烤鸭、南京板鸭、符离集烧鸡、内蒙古烤羊肉、傣族竹筒饭、广东蛇肉、金华火腿、成都担担面等。

第五节　旅游景观的评价

一、旅游景观的评价方法

旅游资源评价是在旅游资源调查的基础上，对旅游资源类型、规模、分布、质量、等级、开发条件等进行的科学分析和可行性研究，为旅游资源的开发规划和管理运营提供决策依据。旅游资源评价直接关系到旅游地的发展方向和旅游资源的开发利用潜力，因此，必须遵循一定方法，客观、科学、务实、有效地进行。

（一）资源价值与开发价值相区别

资源价值指旅游资源自身的特性和价值，包括资源的历史文化价值、美学观赏价值、科学价值、艺术价值、经济价值、康体保健价值等，这些与人们对历史、对文化、对美、对科学、对艺术、对健康等的关注和追求相对应。开发价值指旅游资源被开发的可行性、可能性、吸引力和效益性，即其作为市场化机制下的资源能够盈利的潜力和能力。

一般来说，资源价值与开发价值是相统一的，资源价值越大的旅游资源对旅游者的吸引力越高，其开发潜力也越大。但是，也有二者不统一的状况。如，某些旅游资源是文物保护单位、自然保护区等，资源价值很高，但是要求以保护为前提，不能过度追求开发价值；某些旅游资源属于专业价值高的资源，对专业人士（如考古学家、地质学家、探险家、登山家等）的吸引力很大，但是对大众旅游者的吸引力有限，开发前景小；某些旅游资源价值高，吸引力大，但是位置偏僻、基础设施差、可进入性低，开发难度大。可见，就旅游开发来说，资源价值高的资源并非是最有市场前景的资源，资源价值不等同于开发价值，要适当区分，重点考虑旅游资源价值向旅游开发价值转化的可行性。

（二）本地资源与外界资源相比较

评价旅游资源除了要着眼于资源本身，按照标准和规范对其评级，也要注重比较，把本地资源与外界资源相对比，以便更准确地了解本地资源的状况。由于地方情感作用和视野局限性，本地的领导和专家往往过度夸大资源的价值和等级，不能客观地认识旅游资源。因此，对旅游资源的评价要做到“跳出本地看本地”，要保持客观比较的眼光，把旅游资源放在大的旅游市场背景下做评价。

与外界资源比较，指与周边地区、全国乃至全世界的旅游资源进行比较。首先，周边地区与本地在历史渊源、区位条件、资源背景等方面一般具有较多相似性，调查周边地区，对本地旅游发展具有启示性。包括：比较本地与周边地区旅游资源的总体状况，分析本地的资源优势和劣势；比较本地与周边地区资源类型和资源品位，分析资源之间的竞争或互补关系；比较本地与周边地区同类旅游资源的资源特征、开发状况和客源市场状况，分析本地资源开发中存在的问题和不足。其次，将本地的主导性资源放在本地、周边、省内、全国、全世界这些不同层级的市场范围内，分析资源的市场影响力，即其能够吸引到的旅游者范围，是吸引本地居民、国内旅游者，还是国际旅游者。最后，按照资源类型，分析和比较全国乃至全世界同类旅游资源中的典型案例，对本地旅游资源开发具有借鉴意义。

（三）定性分析与定量分析相结合

定性分析指对旅游资源类型、规模、分布等状况进行归纳和总结的文字性描述；定量分析指按照一定规则，预先设定评价指标和评分标准，对旅游资源进行打分定级的量化分析方法。由于旅游资源的种类繁多、复杂多样，也因为旅游者自身需求千差万别，以及旅游活动的综合性、特殊性，对旅游资源的评价不能以一个量化模型作为万能评价准则，在开发和规划实践中，必须将定性分析与定量分析相结合。

定性分析是开发和规划人员根据以往经验和知识，通过多方比较，对旅游资源禀赋的直观判断。就旅游资源状况总体评价来说，定性分析重点放在旅游资源的总量、类型、分布、组合、特征等方面，即要分析地域范围内旅游资源的整体优劣势，要判定其中的主要、次要旅游资源。定量分析可依据已经制定的有关法律法规、部门规章、行业标准、规范惯例等实行，如对旅游资源的评价主要参照《旅游资源分类、调查与评价》（GB/T 18972—2003）。

（四）一般方法与特殊方法相补充

《旅游资源分类、调查与评价》（GB/T 18972—2003）是目前我国旅游开发与规划中的指导性文件，是评价旅游资源所依据的主要方法，称为通用方法。事实上，这一方法还不完善，存在不适应实际需要的情况，因此，要因地制宜、灵活变通，适当采用其他方法作为补充。

一方面，要与其他标准相适应，如参照世界遗产的评定标准《保护世界文化和自然遗产公约》，参照《旅游景区质量等级的划分与评定》（GB/T 17775—2003）对风景名胜区、森林公园、自然保护区等地方的旅游资源做评价时，可以适当参考有关部门制定的规范和标准，如《风景名胜区规划规范》（GB50298—1999）、《中国森林公园风景资源等级评定》（GB/T 18005—1999）、《自然保护区类型与级别划分原则》(GB/T 14529—1993)等；另一方面，根据实地情况和不同类型旅游资源的要求，可以制定适用的旅游资源评价标准和方法，一般采用层次分析法。

二、旅游资源价值评价

(一)总体定性评价

1. 旅游资源的总量

调查地域范围内旅游资源区、旅游资源点的总数量，与周边或者同类型地区作比较，判别该地旅游资源数量的多少，评价其属于旅游资源富集区，还是旅游资源贫乏区。例如，北京拥有故宫、长城、颐和园、十三陵等一批历史文化胜迹，属于旅游资源富集区；而深圳作为改革开放后新兴的特区城市，原本属于旅游资源贫乏区，其发展旅游主要依赖新建人工景点。

2. 旅游资源的类型

依据《旅游资源分类、调查与评价》(GB/T 18972—2003)中的 8 主类、31 亚类、155 基本类型，统计地域范围内旅游资源的类型，评价旅游资源的丰富性、多样性。一般来看，旅游资源的类型越丰富，不同类型之间的组合性越好，其能够吸引到旅游者的类型也就越多，是旅游开发的资源优势。

3. 旅游资源的规模

按照旅游资源的规模和范围，判别区域范围内哪些旅游资源属于目的地型资源，哪些属于片区型资源，哪些属于点状资源。一般来看，资源的规模和范围越大，其影响力越大，发展旅游的空间也越大。如草原、草场只有达到一定规模才能呈现出宽广、辽阔的特征。

4. 旅游资源的保护

调查旅游资源受干扰、受破坏的程度，分析旅游资源的保护程度，评价其可持续发展的能力。一方面，要评价资源自身构成的变化状况，调查有无毁坏、能否恢复；另一方面，评价资源所处的环境状况，调查环境是否遭到破坏、环境与资源是否协调。要重点评价比较敏感和脆弱的旅游资源，如世界遗产、文物保护单位、自然保护区。要重视对旅游资源环境容量的测算的工作。

5. 旅游资源的变化

分析旅游资源随时间的变化情况，评价旅游资源的最佳游览时间和一年中旅游资源的适游期限。有些旅游资源对时间的依赖性比较强，必须在特定的时间、特定的条件下才能出现，例如观日出、海市蜃楼；有些旅游资源在特别的时间、特别的季节对旅游者的吸引力最大，如冬季的冰雪旅游、避寒旅游，夏季的避暑旅游。旅游资源的适游期限越长，对发展旅游越有利。自然型旅游资源比人文型旅游资源容易受到游览期限的影响和制约。

6. 旅游资源的分布

依据“旅游资源现状图”，调查旅游资源在地域范围内的分布状况，评价旅游资源是集中分布，还是分散分布。一般来看，旅游资源集中分布比分散分布具有优势，因为近距离范围内集中多处旅游资源，既可以使开发成本降低，又可以使旅游便利性增强。

7. 旅游资源的特色

(1)旅游资源的主题。依据不同类型旅游资源所占比例状况，以及旅游资源的规模和影响力，判断旅游资源的主题特色，明确主导性旅游资源。即评价旅游资源是以自然观光、文化观光、休闲度假、民俗体验、康体保健等当中的哪些主题类型为主要特色，并在这些特色资源中，进一步判断其主导性旅游资源。

(2)旅游资源的特征。归纳和总结旅游资源的特性和特征，评价中用到的关键词包括旅游资源的系统性、完整性、古老性、唯一性、珍稀性、奇特性、创新性、丰富性、典型性、不可替代性等。

（二）总体定量评价

《旅游资源分类、调查与评价》（GB/T 18972—2003）中采用打分评价方法，对旅游资源进行定量评价。

1. 评价项目与评价因子

评价包括“评价项目”和“评价因子”两个层次。

评价项目为“资源要素价值”“资源影响力”“附加值”。其中：“资源要素价值”项目中含“观赏游憩使用价值”“历史文化科学艺术价值”“珍稀奇特程度”“规模、丰度与几率”“完整性”5 项评价因子。“资源影响力”项目中含“知名度和影响力”“适游期或使用范围”2 项评价因子。“附加值”含“环境保护与环境安全”1 项评价因子。

2. 旅游资源评价的赋分标准

评价项目和评价因子用量值表示。资源要素价值和资源影响力总分值为 100 分，其中“资源要素价值”为 85 分，分配如下：“观赏游憩使用价值”30 分、“历史文化科学艺术价值”25 分、“珍稀奇特程度”15 分、“规模、丰度与几率”10 分、“完整性”5 分。“资源影响力”为 15 分，其中“知名度和影响力”10 分、“适游期或使用范围”5 分。“附加值”中“环境保护与环境安全”，分正分和负分。

每一评价因子分为 4 个档次，其因子分值相应分为 4 档。

3. 旅游资源计分与等级划分

依据旅游资源单体评价总分，将其分为五级，从高级到低级为：五级旅游资源，得分值域≥ 90 分；四级旅游资源，得分值域≥ 75 ～ 89 分；三级旅游资源，得分值域≥ 60 ～ 74 分；二级旅游资源，得分值域≥ 45 ～ 59 分；一级旅游资源，得分值域≥ 30 ～ 44 分。

此外还有：未获等级旅游资源，得分≤ 29 分。其中：五级旅游资源称为“特品级旅游资源”；五级、四级、三级旅游资源被通称为“优良级旅游资源”；二级、一级旅游资源被通称为“普通级旅游资源”。

参考文献

[1] 尹华光，邵小慧．旅游文化学导论 [M]. 长沙：湖南大学出版社，2018.

[2] 陈修岭．旅游、文化变迁与文化认同 [M]. 北京：中国社会科学出版社，2018.

[3] 周波，李宁乔．高速列车与我国区域旅游经济：一个经验研究 [M]. 厦门：厦门大学出版社，2018.

[4] 吴殿廷．旅游开发与规划 [M]. 北京：北京师范大学出版社，2017.

[5] 成国良，曲艳丽．旅游景区景观规划设计 [M]. 济南：山东人民出版社，2017.

[6] 董靓．旅游景区规划设计 [M]. 北京：中国建筑工业出版社，2017.

[7] 凌善金．旅游景观设计与欣赏 [M]. 北京：北京大学出版社，2015.

[8] 喻学才．旅游文化学 [M]. 北京：化学工业出版社，2010.

[9] 沈祖祥．旅游文化概论 [M]. 福州：福建人民出版社，2010.

[10] 尹华光．旅游文化 [M]. 北京：高等教育出版社，2003.

[11] 华国梁．中国旅游文化 [M]. 北京：中国商业出版社，2003.

[12] 康玉庆．中国旅游文化 [M]. 北京：中国科学技术出版社，2005.

[13] 陈序经．文化学概观 [M]. 北京：中国人民大学出版社，2005.

[14][俄] 尼古拉耶夫娜．文化学 [M]. 兰州：敦煌文艺出版社，2003.

[15] 马波．现代旅游文化学 [M]. 青岛：青岛出版社，2010.

[16] 赵荣光，夏太生．中国旅游文化 [M]. 大连：东北财经大学出版社，2010.

[17] 方志远．旅游文化概论 [M]. 广州：华南理工大学出版社，2005.

[18] 王明煊，胡定鹏．中国旅游文化 [M].. 杭州：浙江大学出版社，1998.

[19] 张复．旅游文化 [M]. 哈尔滨：北方文艺出版社，1996.

[20] 郝长海．旅游文化学概论 [M]. 长春：吉林大学出版社，1996.

[21] 夏太生．中国旅游文学暨文化概论 [M]. 哈尔滨：黑龙江人民出版社，1999.

[22] 谢贵安．旅游文化学 [M]. 北京：高等教育出版社，1999.

[23] 沈祖祥．旅游文化概论 [M]. 福州：福建人民出版社，1999.

[24] 申葆嘉．旅游学原理 [M]. 上海：学林出版社，1999.

[25] 张广海，方百寿．旅游管理综论 [M]. 北京：经济管理出版社，2004.

[26] 尹华光．旅游文化学 [M]. 长沙：湖南大学出版社，2005.

[27] 王方，周秉根．旅游文化的类型与特征及其在旅游业中的地位分析 [J]. 安徽师范大学学报（自然科学版），2004（1）.

[28] 王立，刘卫英．旅游文化基本特征试论 [J]. 盐城师专学报（人文社会科学版），1997（3）.

[29] 周春燕，张迪．论旅游对旅游主体文化人格的塑造 [J]. 桂林旅游高等专科学校学报，2006（3）.

[30] 孙克勤 . 世界旅游文化 [M]. 北京：北京大学出版社，2007.

[31] 王玉成 . 旅游文化概论 [M]. 北京：中国旅游出版社，2005.

[32] 马耀峰，宋保平，赵振斌 . 旅游资源开发 [M]. 北京：科学出版社，2005.

[33] 乔修业 . 旅游美学 [M]. 天津：南开大学出版社，2000.

[34] 徐日辉 . 中国旅游文化史 [M]. 哈尔滨：黑龙江人民出版社，2008.

[35] 张新 . 中国旅游文化 [M].：科学出版社，2011.

[36] 张启 . 旅游文化 [M]. 杭州：浙江大学出版社，2010.

[37] 刘建章 . 中国旅游文化 [M]. 西安：西北工业大学出版社，2006.

[38] 黄成林 . 旅游文化 [M]. 合肥：安徽人民出版社，2010.

[39] 韦燕生 . 中国旅游文化 [M]. 北京：旅游教育出版社，2010.

[40] 庄坚毅 . 中国旅游文化 [M]. 北京：北京理工大学出版社，2010.